應用社會科學調查研究方法系列叢書 11

生產力之衡量

Productivity Measurement

Robert O.Brinkerhoff and
Dennis E. Dressler 著
王昭正譯
黃雲龍校閱

弘智文化事業有限公司

Robert O. Brinkerhoff and
Dennis E. Dressler

Productivity Measurement

Copyright © 1990
By Sage Publications, Inc.

Chinese edition copyright © 2001
By Hurng-Chih Book Co., Ltd..
For sales in Worldwide.

ISBN   957-0453-30-3
Printed in Taiwan, Republic of China

原書序

　　在全球化的時代裡，所有的公司與機構都面臨著愈趨激烈的競爭，品質與生產力是世所公認為取得競爭優勢的兩大焦點。在所有提高品質與生產力的方案當中，都脫離不了衡量的方法，而且這些在過去一直是經濟學家與其他專家專屬的領域，如今在競爭環境的驅使之下，已成為所有經理人必須具備的技能。

　　本書探討跟衡量生產力有關的所有面向，並提供簡易直接的指南，是理論與實務經驗的結晶，值得學子與實務界經理人參考利用。

　　本書可分為三大部份。第 1 章至第 3 章陳述與衡量生產力有關的基本資訊；第 4 至第 6 章探討「如何」發展衡量生產力的工具；第 7 章與第 8 章詳論在組織的背景下，執行衡量生產力的實際步驟與程序。以下進一步介紹各章內容。

　　第 1 章指出衡量生產力與組織的營運與改善的關係。本章部分的目的在於將提高生產力的各種取向、方法及狂熱，理出一個頭緒。在現行諸如品管圈、統計程

序控制等等技術中，有關衡量生產力之功能，本章會一一界定、解釋、與澄清。

　　第 2 章探討，為了瞭解衡量生產力實務以及後續章節的內容，讀者須具備的概念與定義，包括效度、偏差、及抽樣方法等等。

　　第 3 章陳述成功的生產力衡量準則。其中，「準確性」固然必要，單有此項亦不為功。本章強調，衡量的工具須（1）聚焦於品質；（2）整合組織的目標與策略；（3）聯結獎懲制度；以及（4）能聯結員工各種層次的工作參與。

　　第 4 章探討衡量產出面的方法與議題，其中提供許多實例與方法取向。本章更特別強調服務的產出、專業人員、及「白領階級」的功能。

　　第 5 章的結構同第 4 章，惟對象是投入面，即人員的努力與各種實體資源。

　　第 6 章介紹如何使衡量報表的格式與指標能清楚、具有資訊性、及「使用方便」。

　　第 7 章詳論衡量生產力的細節與步驟，並提供各種例子與說明，惟重點放在單一部門或單位的生產力衡量上。

　　第 8 章的重點放在整個組織的生產力衡量上，並提供如何讓員工接受、管理當局如何做出承諾、以及其他重要要素的指南，以促進成功與持續地進行衡量。

叢書總序

　　美國加州的 Sage 出版公司，對於社會科學研究者，應該都是耳熟能詳的。而對研究方法有興趣的學者，對它出版的兩套叢書，社會科學量化方法應用叢書（Series: Quantitative Applications in the Social Sciences），以及社會科學方法應用叢書（Applied Social Research Methods Series），都不會陌生。前者比較著重的是各種統計方法的引介，而後者則以不同類別的研究方法為介紹的重點。叢書中的每一單冊，大約都在一百頁上下。導論的課程之後，想再對研究方法或統計分析進一步鑽研的話，這兩套叢書，都是入手的好材料。二者都出版了六十餘和四十餘種，說明了它們存在的價值和受到歡迎的程度。

　　弘智文化事業有限公司與 Sage 出版公司洽商，取得了社會科學方法應用叢書的版權許可，有選擇並有系統的規劃翻譯書中的部分，以饗國內學界，是相當有意義的。而中央研究院調查研究工作室也很榮幸與弘智公司合作，在國立編譯館的贊助支持下，進行這

套叢書的翻譯工作。

　　一般人日常最容易接觸到的社會研究方法，可能是問卷調查。有時候，可能是一位訪員登門拜訪，希望您回答就一份蠻長的問卷；有時候則在路上被人攔下，請您就一份簡單的問卷回答其中的問題；有時則是一份問卷寄到府上，請您填完寄回；而目前更經常的是，一通電話到您府上，希望您撥出一點時間回答幾個問題。問卷調查極可能是運用最廣泛的研究方法，就有上述不同的方式的運用，而由於研究經費與目的的考量上，各方法都各具優劣之處，同時在問卷題目的設計，在訪問工作的執行，以及在抽樣上和分析上，都顯現各自應該注意的重點。這套叢書對問卷的設計和各種問卷訪問方法，都有專書討論。

　　問卷調查，固然是社會科學研究者快速取得大量資料最有效且最便利的方法，同時可以從這種資料，對社會現象進行整體的推估。但是問卷的問題與答案都是預先設定的，因著成本和時間的考慮，只能放進有限的問題，個別差異大的現象也不容易設計成標準化的問題，於是問卷調查對社會現象的剖析，並非無往不利。而其他各類的方法，都可能提供問卷調查所不能提供的訊息，有的社會學研究者，更偏好採用參與觀察、深度訪談、民族誌研究、焦點團體以及個案研究等。

　　再者，不同的社會情境，不論是家庭、醫療組織或制度、教育機構或是社區，在社會科學方法的運用上，

社會科學研究者可能都有特別的因應方法與態度。另外，對各種社會方法的運用，在分析上、在研究的倫理上以及在與既有理論或文獻的結合上，都有著共同的問題。此一叢書對這些特定的方法，特定的情境，以及共通的課題，都提供專書討論。在目前全世界，有關研究方法，涵蓋面如此全面而有系統的叢書，可能僅此一家。

　　弘智文化事業公司的李茂興先生與長期關注翻譯事業的余伯泉先生（任職於中央研究院民族學研究所），見於此套叢者對國內社會科學界一定有所助益，也想到可以與成立才四年的中央研究院調查研究工作室合作推動這翻譯計畫，便與工作室的第一任主任瞿海源教授討論，隨而與我們兩人洽商，當時我們分別擔任調查研究工作室的主任與副主任。大家都認為這是值得進行的工作，尤其台灣目前社會科學研究方法的專業人才十分有限，國內學者合作撰述一系列方法上的專書，尚未到時候，引進這類國外出版有年的叢書，應可因應這方面的需求。

　　中央研究院調查研究工作室立的目標有三，第一是協助中研院同仁進行調查訪問的工作，第二是蒐集、整理國內問卷調查的原始資料，建立完整的電腦檔案，公開釋出讓學術界做用，第三進行研究方法的研究。由於參與這套叢書的翻譯，應有助於調查研究工作室在調查實務上的推動以及方法上的研究，於是向國立編譯館提出與弘智文化事業公司的翻譯合作案，

並與李茂興先生共同邀約中央研究內外的學者參與，計畫三年內翻譯十八小書。目前第一期的六冊已經完成，其餘各冊亦已邀約適當學者進行中。

推動這工作的過程中，我們十分感謝瞿海源教授與余伯泉教授的發起與協助，國立編譯館的支持以及弘智公司與李茂興先生的密切合作。當然更感謝在百忙中仍願抽空參與此項工作的學界同仁。目前齊力已轉往南華管理學院教育社會學研究所服務，但我們仍會共同關注此一叢書的推展。

章英華・齊力
于中央研究院
調查研究工作室
1998 年 8 月

目錄

1

生產力衡量概論

　　本章先介紹與生產力衡量有關的組織運作及生產力改善問題。一開始要介紹與生產力衡量的歷史及目前的觀念與活動。文中的部分，提供目前生產力衡量趨勢之概要，譬如:生產力中心、統計製程管制、品管圈、績效評估之運用、「日本式」的管理技巧，以及績效工程。最後，以討論二種特定的領域作為結論。第一種是生產力衡量與組織績效（尤其是與品質及獲利）之關係，第二種則是找出生產力衡量過程中之潛在問題及陷阱。本書將進行生產力衡量時應注意的事項列成了一張表。

生產力衡量的本質

從人們有工作開始，生產力的衡量就成了一個值得深思的問題。從考古學家所挖掘出的廢墟遺跡所殘留的記錄中，可看到人們利用繪製的圖表逐年地記錄農作物的產出；即使在古老的年代，政府官員們亦十分關心農民及土地的生產力。在本世紀之初，雖然沒有生產力衡量這個名稱，但其觀念早存在農民的心中。在使用機械式的農耕設備之前，農耕工作只能單靠人力來完成。早期的美國農民，為了要取得肥沃的農地而開墾廣大的土地，需要更多的人力才能完成所有的農事。農民們清楚的了解到，他們的農作產出取決於人力的投入，而其解決之道則是增加家庭成員及產生更多的勞動力族群。

在工業時代，人們開始著手於時間的研究，以期增加工廠工人的產出（Taylor, 1947）。每分鐘或每小時所生產出來的零件數量都由時間研究專家加以仔細地記錄下來。這些早期的研究，把生產視為一種由人力及時間的投入所形成的過程。時間研究專家把人力視為一個常數，而藉由工作設計來加速生產過程，以減少生產過程中生產相同數量的零件所需的時間。這些早期的研究，證明了人們對生產力的關心及對於在一定數量的人力下獲得更多產出的觀念感到著迷。

即使是個人，在其日常生活中亦會關心生產力衡量。例如，某位汽車買主檢查他那輛車每加侖汽油可行

駛的哩數，這種評估每加侖的行駛哩數（MPG, Miles per Gallon），就是該輛車將汽油轉換成行駛哩數的生產力衡量。例如，假設某輛汽車每加侖汽油可行駛哩數為32MPG，則「32 哩」則表該輛汽車行駛生產力的產出，行駛「32 哩」需要一加侖的汽油。

生產力衡量的定義

簡言之，生產力反映了投入努力之後所得到的成果。當生產力改善時，意謂著在既定的努力之下能獲得更多的成果。古典的觀念中，生產力被定義成一種比率，亦即把經由調查所得之特定努力下的產出除以得到該產出所需的投入（人力、能源等）。讓我們看看一些例子。我們可把玉米收成的蒲式耳數目（一浦式耳約等於兩斗）看成是一個農場營運結果，並把農夫所花的時間及人力當成是投入。另外，某生產線上的工人所產出之零件數目可看成是產出，而每位勞工在線上每生產「X」個零件所需的時間則可當做投入。以下是一些各種搭配組合之生產力衡量的例子：

$$\frac{打好字的頁數}{秘書所花的小時數} \qquad \frac{完成卸貨的貨車數目}{勞工及昇降卡車的數目}$$

指導的學生人數	受協助的消費者人數
指導過程所需小時數	消費者服務人員的數目

完成清潔工作的戶數	生產出來的零件數目
女傭工作的小時數	消耗的電力量

請注意，每種生產力衡量都是以比率表達之。例如，當某位祕書花一小時（投入）打字，共完成了 20 頁（產出），故其生產力衡量的結果就是 20。如果該位祕書去上了快速打字課程或使用一台又新又快速的文字處理機，結果現在可以在一小時內打完 30 頁，則衡量結果就變成了 30（30 頁除以 1 小時）。

生產力衡量的歷史根源

早在 1880 年代，在美國經濟學領域中，生產力已被人們以各種形式加以量化（Kendrick & Creamer, 1961）。然而，這個課題直到第二次世界大戰後才受到實質的注意；現在，大部分的美國人多少都知道一些生產力的觀念。二次世界大戰後，人們對於全球化市場利潤及經濟發展的興趣開始緩慢的成長。對政府、商業及工業而言，與生產力有關的資訊變得很重要。如果在第三世界的國

家能夠以工資每小時 75 分錢的人力生產捕鼠器，與其相較之下，在美國工廠生產捕鼠器的投入人力成本則是相當昂貴。當產能增加時，商品也需要同步地增加新的消費市場以消耗多餘的產能。新的全球性競爭及對生產力的逐漸關切，導致在 1950 年代國家生產力中心的成立（Kendrick & Creamer, 1961）。在 1960 年代，國際性的生產力代表們開始接觸；首次國際性的會議是在 1983 年於日本舉行（*Measuring Productivity*，1983）。

1970 年代的美國在生產力停滯及下世紀即將到來的全球競爭市場，成了燃起人們對生產力產生興趣的兩道火焰。1970 年代的不景氣、石油禁運及來自外國的競爭力，使生產力的問題在美國受到越來越大的關注。突然間，過去所習慣的營運方式不再靈光。企業組織了解到，保持競爭地位必須更具有生產力。生存及獲利被看成是生產力的直接產物（Miller, 1984）。

美國的汽車製造業中，最近大力地宣揚生產力的觀念。正當全球性的競爭開始侵害到美國製造業者的市場佔有率時，美國製造業者發現到，生產汽車，不再是能獲利及維持生存的保證。突然間，生產力、品質及價格等課題成了消費者心目中的重要考量。例如，1987 年的美國汽車製造工人契約中包括兩大部分：工作保障及勞工生產力；值得注意的是，品質成了對生產力的描述的一個重要向度。也就是說，生產更多的汽車並不會增加生產力，製成品還必須通過現今的品質水準：更小的誤差、更好的配合度、較少的重做情形等（Hayes, 1985）。

在 1970 年代汽油價格狂飆時，人們開始注意到汽車每加侖能行駛之哩程數。汽車製造商開始生產 MPG 較大、體積較小、重量較輕的汽車。在此之前，汽車的大小、馬力及舒適與否才是消費者的主要考量，生產力未曾是買主購車時所考慮的主要課題。突然間，政府及汽車製造商都開始對汽車的生產力感到興趣。

當生產成本上升的速度遠超過企業組織調整其產品售價以獲取適當的利潤時，生產力再次成為課題。現在的製紙業正面臨著這個問題。由於受到國內及國際上的競爭，製紙商無法調漲其產品的售價。同時，他們的生產成本卻因工會協議薪資調升及資本性設備成本的增加而大幅上升。在銷售產品收入基本上仍維持原來的水準的情況下，投入成本卻已大大地上升了。在這樣的一個生產力課題中，我們可看到兩項主要的趨勢：其一，很多製紙公司將其營運轉移至美國的南方，以遠離工會的勢力及受到工會限制的勞工工資；其二，製紙公司將其營運中心設於海外也就是第三世界國家，因其人力成本及製造費用皆遠低於美國本土。在未來，當國際間的距離變得越來越接近並形成一個全球經濟體時，將會有很少企業組織不會受到生產力課題所影響（Baumol & McLennan, 1985）。

公司組織的領導者往往是最注意生產力提升的人。在 1980 年代，工會及管理階層也逐關切到此一課題，因為生產力提升往往代表著工作保障以及組織存活。現在，生產力研究不再只是會計、現場經理或副總裁的職

責本分，甚至勞工階級也都參與在內並且擔負重要的責任。藉由新的管理技巧，譬如像「及時化」（Just-In-Time）生產、統計製程管制及工作團隊從組織的最基層授與其品質改善及生產力提升之責任等。

　　品管圈及統計製程管制逐漸在美國的製造業工廠和其他企業間普及。在與採用這些技術的組織一起工作的經驗中，我們發現到許多企業偏離了這些技術運用的基本原則而濫（誤）用這些強而有力的技術。品管圈利用了各種評估性的資料及系統性的群體參與程序，企圖成為一項可供僱員使用的系統性問題解決機制。然而，有些品管圈因個人的行事風格和主觀判斷而淪為例行公事。統計製程管制（Statistical Process Control, SPC）是讓現場工作者蒐集其生產過程中每一項步驟的品質資料，然後再根據這些資料判斷該過程是否「在控制之中」（In Control，與已計算好的平均數之差異在可接受的範圍之內）。當某項過程「失去控制」（Out of Control），則須採用既定的問題解決程序，並停止生產。SPC 的目的是為了將品質的考量融入生產過程中。然而，在許多情況下，人們往往隨便地收集統計性資料，這些資料起不了什麼作用，生產過程仍一如往常地運作著。若正確地運用品管圈及 SPC，收集並使用生產力及品質衡量資料，有系統地應用於解決問題並做成決策，這些都會增加生產力。

　　所以，明日的組織領導者都得非常了解生產力衡量，並能駕輕就熟地傳遞給其他的工作者這個觀念。此

外，訓練人員、組織發展顧問，以及組織研究員都將需具有衡量及了解生產力環境所需的知識。

效率、效益及生產力

　　首先介紹一個和生產力衡量有關的概念---「有效果」的生產及「有效率」的生產。有效果的生產係指可達到希望結果的生產過程。一個組織或許能很有效果地生產更多的產品或提供更多的服務。例如，某乳品製造商或許能同樣地在一星期內有效果地多生產 10%的冰淇淋，打掃公司每月或許能增加 15%之清掃完成的房間數。在前述二個例子中，有效果的生產雖增加了，但為了達到這些有效果的生產卻可能增加更多的單位投入成本。增加 10%的冰淇淋產量，可能需要增加 15%的資金成本及12%的人工成本。增加 15%的房屋清掃完成數，可能需要增加20%的交通費用及 5%的直接人工成本。在這些例子中，雖然產出增加了，但組織的整體生產力卻反而下降，這是因為完成生產所需的投入的上升幅度比有產出來得快所致。雖然在兩個例子中皆達到要求的有效果生產（產出增加），卻因消耗更多該產出水準所應有的投入，使得組織整體生產力降低。

　　有效率的生產是指用最少的投入而能達到要求的產出，這聽起來似乎意謂能產生最大的生產力。雖然效率

及生產力有很密切的關係，但是有效率的生產並不保證會達到最佳的生產力。例如，某成衣製造商一天可以生產一百件運動外套，現在，它同樣生產一百件運動外套，所需要的工人卻比一個月前少了五人，效率就提高了。但如果投入人力的減少使運動外套的瑕疵率從每一百件中有兩件上升到每一百件中有七件，則企業將無利可圖。事實上，重製成本或報廢率可能比減少那五位工人所能降低的成本還要多。同樣地要注意到，即使瑕疵率是在可接受的範圍內，該外套可能不流行或缺少足夠的市場規模等因素還是值得考量。如果降低人工成本同時會導致較差的品質，即使其生產可能較有效率，但由於重作的時間拖延，生產力遭受到不好的影響。效果與效率在生產的過程中必須同時兼顧。組織可以暫時在缺乏良好效率之情形下生存，然而，如果沒有效果，則往往無法繼續存在。

　　第二種有關的觀念是「努力地工作」（Work Hard）與「聰明地工作」（Work Smart）。有些人主張生產力並非更努力地工作，而是更聰明地工作。努力地工作與聰明地工作之間的不同，可藉由以下例子獲得了解。有位游泳者很努力地接受訓練，希望能達到最佳的運動狀態。這位游泳者無法再更努力，因為她已經盡最大的努力了。但是，在此時如果能有位較聰明教練，向她示範一種新的倒轉方式，以減少在水中的「無效時間」，並訓練她在跳水後能在水中停留較長的時間（此時，流體動力學所產生的效率較大），那麼這位游泳者不須再多

做努力即可減少其比賽時間了。她在比賽中所做的努力（投入）不變，但其賽程中所花的時間（產出）卻縮短，因而達到了更大的生產力。那些從事生產力衡量的人所面臨的挑戰，是幫助評估工作方法及使用材料上的革新能否產生相對的生產力效益。

近年來，很多從事製造的的企業採用新技術及創新的方法，期能更「聰明地」從事生產。例如降低原料之庫存，進而減少儲存成本，或利用電腦排定生產計畫以因應出貨之需求（因而減少儲存製成品的儲存成本），以上二者不過是眾多方法中的二個例子而已。我們最近和一位從事生產家庭清潔用品的知名大型製造商一起進行調查研究工作。該公司目前正以最大產能進行生產，所有的機組及現場工人都盡可能努力地生產。然而，由於他們生產的產品市場熱絡，產品很快就賣出，其產能趕不上其行銷能力。顯然地，再怎麼努力地工作，終究不是解決問題之道。他們發現到，更聰明的生產方式才是增加公司生產力的唯一方法；他們的努力已到了極限，無法再藉由更努力來增加產量。藉由重新思考及重新設計製造程序，五年後，他們已能在相同的投入之下增加約 40% 的生產量。新方法之一「及時化」（Just-In-Time）存貨制度，是將庫存原料及製成品維持在絕對的最小量（最好是能當天進料、當天生產並在當天銷售）。另一種方法是「減少在製品」（Reduce Work-In-Process），這是一種盡可能減少將材料從某一製程移至下一個製程的等待時間（理想的情況下，當零件

完成某一製程後，應馬上進入下一個製程）。應用了這些制度之後，人們發現到自己不再需要像從前那樣費力氣的生產，但更重要的是，他們在批判性思考及解決問題的能力皆較以前有所提升（Simers, Priest & Gary, 1989）。

更聰明地生產，不僅只與高階管理人員有關。Bennis 及 Namus（1985）在其有關領導的著作中，陳述到經理人員必須授權予組織中最低階級之人員，如此，他們方能決定如何將其工作做到最好。授權予那些最熟知自己工作程序的人員，是一種達到「聰明」的生產目標之方法。各行業的管理者發現到，最知道如何更有效率地做好工作的人，正是目前擔任該職位的人。授權從事生產工作人員去進行那些能使其更聰明地進行工作的製程修正，是大幅提升生產力一大關鍵。

在「授權」過程中，研究人員、訓練專家等相關人士扮演著重要的角色。他們在施行新方法時，應該對其進行研究，評估其影響並協助修正過程。當新技巧已建立並可廣為應用時，他們必須追蹤其施行情況及其影響，以便能持續地予以調整及修正，並確定能夠即時的給予最前線的作業人員藉以維持生產力目標所需要的回饋。

爲什麼要衡量生產力？

　　有很多特定的需求及情況促使人們必須進行生產力衡量。但是終極目標，不外乎是爲了增加生產力。以下是在實務中較常見到的一些應用情況：

- 發現生產力衰退情形，以達到「預警」的作用。
- 藉由比較個體、單位、組織及產業的生產力，以做成管理決策。
- 促使管理階層及勞工階層團結一致，致力於生產力的改善，建立共識及責任感。
- 向有興趣的投資者闡明生產力效益。
- 進行那些與新方法或實驗性方法有關的研究及評估。
- 以客觀生產力的資料支持公司的激勵方案及紅利計畫。

　　那些已從事生產力衡量並獲得重大改善的公司，發現生產力衡量有很多好處。其中一種直接的好處的是它能及早告知有關生產力衰退的訊息。假設有一電話銷售商在過去四天的外銷訂單數量驟降；此電話銷售商的管理者藉著審視生產力資料，就能夠在問題擴大至影響公司營運前即開始著手處理之。另一種情況下，機器操作員利用簡易的統計資料，追蹤其所操作機器的生產力，

因而注意到在過去二天以來,機器所產生的廢品量增加了 5%。操作員利用這些生產力衡量的資料得知此時是該好好檢查模具或壓力裝置的時候,這樣一來,廢品率就不會再上升,且可恢復至原先的水準。

其次,生產力衡量可有效地應用在個人、工作小組、組織及相近產業的競爭對手之間的生產力比較。美國最近一份對相同產業之每位員工獲利率進行比較的研究報告(*Corporate Scoreboard*,1988)指出,有些公司對其每位員工所賺得利潤水準較其他公司低而感到震驚。有家經營穀物研磨的公司發現該公司每位員工所賺得的利潤,在該產業中的是最高的。有家製藥公司則發現其公司之每位員工獲利率與其他製藥公司比較之下,顯得相對地低。這些指標提供管理階層關於整體組織的效益、產品訂價及獲利等訊息。

當由公司內部各個階層所組成的生產力小組施行生產力衡量的同時,勞工階層及管理階層也應結合在一起,為追求真正的生產力效益共同努力。在美國經濟的產業部門中,一般人認為勞工階級應負起大部分的生產力效益責任。傳統上,人們深信管理階級意圖藉著工會契約來影響公司的生產力。有組織的勞工已看到本身在生產力上的舉足輕重,並且反對把所有生產力的責任都歸至勞工身上。當勞工及管理階層能夠團結在一起,共同為生產力的改善而努力,並對那些負責達成改善之人員予以獎賞時,對勞工及管理階層二者而言,一種雙贏的局面因而形成。在進行改善的過程中,二者皆有其籌

碼，二者皆致力於相關之工作，二者皆能提出問題並找尋解決之道。雖然生產力資料不必對共同的成功與否負責，但是衡量卻是扮演了重要角色（*Boom-up management*, 1985）。

生產力衡量還為組織提供確認及表揚貢獻所需的證據。透過生產力衡量，企業可判斷出個別工作小組及單位的成長以及對生產力的貢獻。在下一個例子中，我們與一家小製造商一起進行研究工作，並設立一試驗性的工作小組，以期能達到數個目標。其中一個目標，是在工作小組很滿意本身對組織的貢獻下，生產零瑕疵率的產品，且產量要比現在更多。當這個工作小組覺得自己做得很好且有生產力時，也產生數種正面的結果。首先，他們被視為其他即將加入之新工作小組之榜樣。其次，他們變成新工作小組成員之模範及訓練人員。最後，公司中所有小組皆有所成長。像這些越來越常見的成就，便十分依賴生產力衡量資料。

越來越多的公司及組織正努力建立起獎勵員工及紅利分配的計劃（Thomas & Olson, 1988）；其中很多都求助於生產力衡量計畫。然而，決定紅利計畫中的財富分配始終是件不容易的事。但生產力衡量能夠解決此一難題。把紅利與個體、工作單位或甚至整個組織的生產力效益連結在一起，會使分配過程更具客觀性。把組織中各個階層的生產力與每個人的紅利連結在一起，能夠鼓勵各工作小組共同為組織的經營成果而努力。

摘要

　　早在「生產力衡量」或甚至「生產力」之名詞出現之前，生產力之評估及控制已存在世界上。儘管生產力衡量已有很長的歷史，且經過幾個世紀來的全面性技術革新之後，生產力衡量的基礎卻依然不變。以前的觀念與現在的觀念一樣，都想要計算出在既定的努力及投入之下可得到的成果。然而，正如前文中所說的，對於生產力衡量可能還有更多特別的應用及期望。

　　儘管我們已知道很多生產力衡量的應用，但如果注意到各種應用之間的差異，可以發現其最終的目的都是要想達成資源的最佳化運用。經過生產力衡量，才知道要採取某些行動，不論是發現並避免生產力衰退、維持良好的生產力水準，或是改進低生產力的活動，都對生產力改善有所幫助。於是，這種實用主義目的，更加重了研究人員、管理者或其他欲進行生產力衡量的人之責任。

　　雖然，基本的意圖（評估，然後改進生產力）很簡單，但是要想在今日的組織中進行生產力衡量，卻不是那麼容易。在現代的組織背景下，由於很多官僚層級、複雜的政治及很多非生產性功能組織的存在（人事、法律事務及員工救助等）更使生產力衡量越加複雜。此外，由於生產力衡量常常急於求變，而此改變又必然具脅迫性，因此進行生產力衡量時，尚需要一套圓融的處事技

巧以應付複雜的人際及政治問題。

　　在本書稍後幾章中，我們為研究人員、管理者或其他有意進行生產力衡量的人士提供一些有用的資訊。前面幾章會較深入地探討生產力衡量的技術面。然而，依過去的經驗，人的因素及政治面是最大的問題所在；但這並不是說技術面就比較容易做到。判斷關鍵性的投入、定義作業上嚴格的產出規格及設計精確的衡量標準皆是重要的課題，也產生很多複雜的技術上的爭議。然而，從我們的經驗得知，我們在技術上的限制（而且是值得列入考量的）並不常觸及；我們幾乎總是設計並使用那些較我們所能發展出的衡量模式更為單純的衡量方式。在大部分情況下，資源可得性、資訊需求的迫切性以及大眾對於任何足以增加複雜性之事物的容忍度皆成為促使技術簡化的重要原因。

2

生產力衡量的基礎

　　本章說明及討論生產力衡量的基本要素及觀念。首先是定義生產力衡量組成要素：產出、投入、過程及中間產出，從最上層的產業階層到最下層的個體經營層次的生產力衡量皆建立於這些要素之上。這些組成要素包括了一個規劃及執行衡量有效的方案所必需的基礎觀念---「客戶」。在本章中間的部分討論改進生產力之構成要素中的基本產出投入關係，並說明一般常用到的生產力衡量型式。在本章結尾則回顧一些基本的衡量觀念及論點，包括效度及可靠性，這些都是從事生產力衡量時所需知道的。

生產力衡量的要素

　　如同在前章中所見到的，生產力衡量是一種產出（達到預期結果的生產）與投入（既定資源之耗用量）之比率。在前章的例子中所提到的「每加侖的哩程數」（MPG），每輛汽車每加侖汽油（投入）皆有其相對的哩程數（產出），就是一種生產力衡量。在這個例子中，車子的生產力就是將其希望產出的數量（行駛哩數）除以耗用的汽油加侖數後之比率。又例如某家顧問諮詢公司可以建立一種衡量，以顯示出其提供予客戶之報告（產出）總共花了多少祕書資源（投入）。簡言之，所謂的生產力衡量即是：設計並使用實際的比率，以反映出各種不同產出時的效率。

產出（Outputs）

　　然而，在「MPG」的例子中，還可以考慮到其他的產出（Outputs）。藉著這個例子，可再繼續深入討論產出之觀念。一般而言，人們開車都有特定的目的。可能為找樂子而開車、為了把東從某處運送至他處而開車、為了到達某地而開車，或僅是為了追求速度的快感而開車等。這些目的皆隱含著對產出或結果更完整的考量。例如，假設有位售貨員利用車子將很多盒沈重的客戶樣本從甲處運至乙處。在這個例子中，「每加侖汽油能將

多少數量的貨物運送 X 哩」應是更有用的生產力指標。
對售貨員而言，這種生產力表達方式比一般的「每加侖
多少哩」之表達更完整且有用，因為一輛可以以相同加
侖數的汽油行駛較遠距離的汽車，在裝載很多重物的情
況下，可能會較其他車輛來得不舒適，或甚至不安全。
這個例子明確地將產出定義為「安全地、舒適地將貨物
運送至目的地之貨物數量」。在現實的生產力衡量中，
產出通常代表產量、結果或特殊利益之單位數。在此介
紹一些建立有用之衡量課程中所定義的常見產出：

- 已處理的合約數目；
- 在 5 分之等級下，獲得平均數超過 4.5 之數目完
  成表格的數目；
- 適切地完成診斷之客戶數目；
- 表達出快樂反應的次數；
- 已生產完成且符合特定品質要求之零件數目；
- 沒有雜質或殘渣之萃取物加侖數；
- 已面談過的客戶數目。

　　當審視上列的產出之後，可發現到一些有助於對產
出觀念形成完整了解的重點。

1. 每一種產出皆加以量化（數值、數量、加侖等）。
   當然，衡量時，確認單位量是必須的。
2. 某些產出包括了品質的表達，譬如像「符合特定

的品質」、「適切地」或「沒有雜質或殘渣」。這些品質面的描述更進一步定義了產出。執行衡量時，只有符合特定品質標準的產出才會計算在產出量內。例如，當評估楓糖製造廠的生產力時，只將符合市場要求之純度的糖蜜加侖數計入產出。如前一章中討論到，將瑕疵的產出也計算在生產力比率之中是一種誤導及對生產力有害的行為，因為那些不符合品質規定的產出需要更多的勞力（投入）來加以修正，才能符合消費所需。幾乎在所有的例子中，定義產出時都會考慮到品質面。若只計算產出量，並將該產出量計入生產力比率，如此的產出將無法反映真正的生產力。

3. 有些產出是有形的東西，譬如「表格」或「零件」；而有些則是代表無形的服務，譬如「已面談過的客戶」；有時候，產出代表主觀的反應，譬如「表達出快樂反應的次數」（這個例子是衡量不同的遊樂場設施的乘坐效果）。產出代表希望達到的結果，因而並不只包含有形的，或「有明確的外表」的東西。

4. 在任何情況下，需要利用衡量以確認生產力評估中的產出。從前文表列之產出中，較明顯的例子，就是「在 5 分之等級下，能得到平均數超過 4.5 之數目」。這個例子中的產出，是指訓練人員獲得受訓者善意反應的能力。在此，產出顯然

需要藉著加總及分析每位訓練者獲得的分數加以衡量（在這個情況下，即是受訓者反應的評估等級）。至於上表中較不明顯的例子則是「完成的表格」或「面談過的客戶」。雖然如此，我們很快地看出，我們需要一些規則供定義產出之用，以便計算已完成的表格或實際上已經面談過的客戶。例如，仍有一個空格未填的表格是否該被當成「已完成」的表格來計算呢？如果一位客戶來報到，但由於諮詢顧問有急事而提早離去，我們該把這當成是「已面談過的客戶」來計算嗎？

衡量本身需要一些用來判斷事物（Landy, Zedeck & Cleneland, 1983）或產出的規則，以進行分類（例如「已看過」、「已完成」等）。有衡量背景的讀者，會體認到對「操作變數」的必要性。在生產力衡量中，操作變數的存在意謂著你必須有一套明確的規則及程序，以供判斷哪些產出符合條件而該被視為「真正的」產出。

5. 在生產力衡量中，決定哪些產出該計入生產力比率，以及操作上如何定義那些產出，是很重要的步驟。然而，這個步驟大多不為人注重，因而導致很多錯誤的生產力衡量結果，而把資源浪費在衡量錯誤的事情上。本書稍後幾章雖然會介紹如何決定該衡量的產出，但由於此觀念太重要，所以在此我們要先提出來討論。

客戶

「客戶」（Customers）這個觀念並不會出現在衡量
之中（生產力比率之要素只包括產出與投入），但對生
產力衡量而言卻是必要的。在建立實際可行的生產力衡
量時，組織中的任何單位或營運部門都有其自己的客戶
群---也就是使用該營運部門生產之產品的人或單位。

客戶不僅只是某些產品或服務的最終購買者或消費
者。譬如，對食品雜貨店而言：顯然地，走進店裡採買
食物的人就是客戶。現在讓我們看看該店的會計流程。
這個作業流程提供管理者（也就是這個作業流程的客戶）
及老闆（這個作業流程的另一個客戶）一些重要的資訊
（有關利潤、費用支出等資料）。在生產力衡量中，「客
戶」係指那些消費或需要並使用某部門產品或成果之人
們或作業流程；由於任何組織中的部門都有其存在的目
的，因此相對地也都有其「客戶群」。如果任何人或部
門皆不會使用到某一部門之產品（亦即如果該部門沒有
客戶群），則該部門不具任何功用，也就沒有存在的必
要了！

有時候，人們需要經過縝密的分析才能辨識出哪些
客戶是屬於某部門的。稍後在第 7 章中所介紹的一些範
例及原則方針，將有助於降低此種判斷的困難度。

為什麼須辨識及考量「客戶群」呢？其原因有二：
首先，辨識客戶群有助於釐清某一單位最重要的產品，
因而必須加以衡量並改進生產力（第 7 章將有更詳細的

說明）。其次，品質特性使客戶群與部門或單位連結在一起。客戶的需求及期望，是形成品質標準的基礎。事實上，品質的一般定義是「滿足客戶使用的需求」。例如，零件供應商所提供的零件必須符合汽車製造商（客戶）所開出的清單（耐力、完美、堅固性等），因為汽車製造商無法使用不合乎品質條件的零件來生產汽車。

客戶對品質的期望、需求及意見，形成衡量品質標準的基礎，而該品質標準將會併入生產力比率的產出構成要素。基於此，因此仔細思考、辨識以及與客戶之相互交流在生產力衡量過程中皆扮演著重要的角色。

轉出

學習生產力衡量的學生可能會遇到「轉出」（Throughputs）這個名詞。事實上，所謂的轉出即是產出。但是，它是一種特殊的產出，專供內部消費之用。例如，某一清洗及打蠟部門可能把一輛清洗乾淨且打完蠟的車當成是它的主要產出；亦即提供給那些為其髒車購買清潔服務之客戶的產出。

如果將該洗車及打蠟部門細分成洗車、打蠟兩個次級部門，在將車子轉送至下一個主要次級部門（打蠟）之前，可先確認出另一個次級部門—洗車部門。此種介於次級部門之間的關係圖呈現如下：

在這個例子中，一輛「洗好的車」是一種轉出，亦即某一內部次級流程之產出，稍後又再投入另一個次級流程。如我們所見的，事實上轉出就是一種產出。對洗車這個程序而言，這個轉出的品質對能否符合客戶之期望很重要。轉出（一輛洗好的車）對於改善該洗車流程的生產力相當重要。在此例中，洗車部門的成本可能相當高，消耗大部分的洗車資源。而轉出的品質對整體品質（一位擁有一輛徹底清潔及打蠟後的車之客戶）又很重要。如果洗車流程做得不好，那麼整體的產出品質將大打折扣，因為即使打蠟流程將客戶的車處理得不錯，但很少客戶會對微髒的車身感到滿意。

辨別出重要的轉出，是進行生產力衡量及改善時的重要工作，如同前例所說明的，藉著衡量及改善轉出之品質及效率，對生產力的衡量有很大的影響。在本書之稍後幾章將更進一步討論轉出觀念。

投入

在本書中我們把「投入」（Inputs）定義為完成產出的過程中所需消耗的資源。因此，包括了所有消耗掉的有形資源（材料、物料等），支援生產之服務（熱力、光源、空間、租金、使用電腦時間等）及實際在生產過程中使用這些資源之人力。雖然「投入」這個名詞包括了上述各種資源及支出，但一般的生產力衡量通常只用到其中一、兩項主要的投入。例如，當我們用「MPG」

來評估某輛汽車之效率時，此時的投入是指耗用的汽油，而不是駕駛、裝輪胎之人力、其他油料耗用及駕駛過程中使用到的其他資源。在本章稍後討論到「部分」衡量與「全面」衡量時，將會探討這種只包括某些資源在內的情形。

此處介紹一些衡量時普遍會使用到的投入：

- 祕書時間
- 工時
- 電腦時間
- 資本設備
- 諮詢服務
- 能源（譬如：電力）
- 管理時間
- 全部部門分配到的預算
- 文具用品
- 人工、經常費用及能源成本

同樣地，仔細審視這張表上所列出之一般投入後，應可歸納出一些重點。首先，和產出之情形一樣，投入必須是可衡量且可量化的。每種投入（例如祕書時間）之辨識構成了一種類別，而我們需要一套將各種現象認定為該類別之規則。例如，是否該把祕書完成報告時之休息及上洗手間的時間計算在「祕書時間」中？如果經理自己先行利用其電腦準備報告的初稿後，再轉給其祕

書完成，那麼是否該將這位經理所花的時間計算在「祕書時間」之內呢？投入之耗用也需要一套衡量方式（計算、提供文件、加總等等）以衡量實際花費的資源。例如，祕書們可對每份報告所花的時間加以記錄；或者提出一種估計花費時間的方法；或者只把「祕書人力」計入其書寫預算中（關於如何判斷哪種衡量程序最適合，本章稍後將會介紹）。

此外，從前表中還注意到有些投入是特有且不重要（例如文具用品），而有些則很廣泛且具概括性，譬如：「人力」或「能源」。應該以狹隘或廣泛的方式來定義投入，取決於我們所做的監測或控制那一種生產力要素。如果文具用品是主要的成本要素，並認為這些成本已在可控制範圍之外控制，那麼「文具用品」或許是在計算生產力比率時之適合的投入。

分析的層次

生產力衡量可適用於整個組織、產業或甚至全國。反過來說，也可衡量大組織中之很小的營運部門之生產力。例如，可對電話行銷人員在一通電話的前 30 秒內與客戶完成交易之過程的生產力進行衡量。

不論是哪個層次的分析（Level of Analysis），都適用同樣的原則：衡量產出及產出的品質，並與投入作比較（透過數字化的比率）。然而，重要的是，提倡生產力衡量者必須辨別其執行工作所在之組織內各層次間的

差異，以及他們實際上執行操作之層次。

本書的重點係放在較大的組織中之「單位」層次。我們已把「單位」定義成是一個組織中之最小的功能性工作小組。因此，一個單位是由數個現任工作者所組成，並且由一位負有單位管理責任之人所管理。有時候，生產力衡量的結果可能會把焦點集中在某個單位的一個生產流程上；在單位中，各生產流程又再細分成兩個或兩個以上的部分，每個部分皆有其自己的流程、投入及產出。當我們把次級單位的流程再予以細分並衡量之後，必須仔細地確認受衡量的次級流程實際上對整個單位之生產力是否重要。稍後，我們將定義「次佳化」（Sub-optimization）之威脅，這是發生在當次級流程之生產力已改進而整體單位生產力卻未見改善的情況。當人們對於流程所在的層級感到困惑時，次佳化之威脅也逐漸醞釀形成。研究人員必須仔細地選擇衡量的層次。若衡量的層次有誤，易導致誤解。

單位層次的生產力衡量還必須考慮到位居其上之層級。例如，如果在衡量某大公司內之訓練單位生產力時，須先辨識出該單位之內部及外部的客戶。客戶的辨識，將有助於帶領我們走出該訓練單位，而考慮到公司內之其他單位及較大的部門，以及公司外部之單位及組織。了解哪些是該訓練單位之客戶及其與訓練單位之關係是很重要的事，而這也需要對該單位的上層及在此單位之外部單位的流程進行仔細的分析。

稍後在第 7 章及第 8 章討論進行生產力衡量之程序

時，我們會再回到層次分析之觀念上。

生產力比率如何反映出生產力改進

我們可以由五個基本的變化情形來檢視因爲生產力的改變對比率所造成的影響。在討論此五種方法時，本書將使用同一個例子來作說明，例子如下，某顧問公司完成客戶的報告所需花費的祕書小時數。將此衡量以比率表達成：

$$\frac{\text{已完成且被客戶接受的報告數目}}{\text{花在報告上的祕書小時數}}$$

假設在某月中，平均每份報告需花四個祕書小時。當祕書接受過使用新的排版機器之訓練後，每份報告只需花三個半小時。產出數相同，但所花費的資源較少，即代表了一種生產力效益。

另一種方法則是維持一樣數目的人力但卻能完成更多的報告數目，亦代表生產力增加。也就是說，祕書在這個月的工作量不必多於上個月，但生產力卻增加（或許是因他們工作得快些，或者他們須做的修正較少），完成更多的報告。

第三種基本的生產力關係是指當產出及投入同時增

加的情況下，但產出增加的速度比投入來得快。譬如祕書多完成 20%的報告份數，卻只需多花原來花費時間的10%。

第四種生產力關係與第三種類似，亦即當產出與投入同時減少，但產出的減少比投入來得少。例如，祕書們完成的報告份數減少 10%，但投入的時間卻減少了20%，那麼在此又是一種生產力效益。

第五種，也是最後一種生產力效益關係，也是最理想情況，即產出增加而投入減少。例如，假設這家公司在需要給客戶報告時，便向租賃公司承租祕書服務。由於提供祕書服務之人員皆是文字處理專家，打字速度快且正確性高，且每小時支付給他們的報酬又比支付給職員的薪水少。如此一來，這家公司提供予客戶的報告增加而祕書成本卻反而減少。

一般的衡量型態

實務上的執行人員及研究人員都應該熟悉一些標準的生產力衡量型態。這些衡量型態雖然都很常見，但皆有其特定的用途，也各有其使用上的特殊限制。

全面衡量與部分衡量

　　各種生產力衡量之間，第一個主要差異在於範圍。因此有所謂的「全面」（Total）衡量，及「部分」（Partial）衡量（National Center for Productivity and Quality of Working Life，1983）。全面與部分衡量之間的分別在於分析的層次有所不同。也就是說，全面衡量是反映整體組織層次之生產力，而部分衡量則是反映那些低於整體組織之層次的生產力。例如，針對速食業者可以做以下的全面衡量：

$$\frac{總收入}{總成本}$$

另外，還有其他方式的全面衡量，譬如：

$$\frac{感到滿足的客戶數目}{全年度費用支出}$$

或者

$$\frac{提供食物的數量}{全年總成本}$$

　　上述之衡量方式都是全面衡量，因為（1）其目的皆

爲了反映整體的生產力，而且（2）皆包括了對投入面的
全面性衡量（例如：總成本）。

對同樣的速食業者，亦可做如下的部分衡量：

$$\frac{感到滿足的客戶數目}{工資費用}$$

這是一種部分衡量，因它只包括特定投入的衡量。
此種部分衡量，與全面衡量一樣，企圖反映出整體的生
產力。但由於此部分衡量只針對某種特定的資源，因此
能夠追蹤得到該種資源支出上的變動，也可評估這些變
動對表面生產力的影響。然而，這種部分衡量有其使用
上的風險，可能導致對真實生產力的錯誤評估。例如，
工資費用下降但材料成本卻急速上升時，若根據上述的
部分衡量，會反映出一種生產力效益，而未考慮到材料
成本上升對實質生產力的負面影響。一般而言，只要部
分衡量考慮到主要的、可控制的資源支出，就能提供有
用的訊息。

以下是另一種部分衡量：

$$\frac{已完成的滿意漢堡數目}{烤架耗用的電量}$$

請注意到這個衡量只選擇一種不重要的產出（已完成的
漢堡）及一種相較下不重要的投入來做衡量。顯然地，

這個衡量只考慮到某一特定的次級營運部門（在烤架上製做漢堡），因此，衡量的結果只能用以修正滿意漢堡的數目或耗用電力的度數。這個衡量被稱為部分衡量，理由有二：（1）它只衡量某個次級營運部門之產出，且（2）它只衡量一種投入。

請看這個例子：

$$\frac{\text{已完成的滿意漢堡數目}}{\text{製作漢堡所需的總成本}}$$

這個衡量可稱為是製作漢堡這個次級營運部門的「全面」衡量，因為衡量包含了對生產該次級營運部門產出所有資源的衡量。此種衡量十分有用，但也僅限於改進此特定次級營運部門的生產力。然而，它仍為該次級營運部門的總生產力提供了一個可信賴的評估。如果這個衡量只包含部分的製作漢堡成本而非全部的成本（譬如：食用油、人工及電力等），則仍只是個部分衡量。

幾個部分衡量也可合併在一起，形成合計式的生產力衡量。茲舉例如下：

$$\frac{\text{已製作完成的滿意漢堡總數目}}{\text{耗用電力} + \text{工時} + \text{烤架成本}}$$

在此表達中，只要分母未包括生產時需投入的全部資源，則仍只是個部分衡量。當產出同時與數種投入有很

密切的關係時，合計式的部分衡量特別有用。若想要把任何的衡量拆成數個部分衡量也是件容易的事。在上面的例子中，我們很容易就可以把公式拆開來，以判斷工時、烤架或電力成本個別的生產力。

　　了解全面及部分衡量觀念是很重要的事。由於部分衡量因只考量單一或少數的投入或產出，因此往往比全面衡量有用得多。部分衡量有助於明瞭個別投入對生產力之影響，並從而進行細部的調整或改進。

單一與「家族」衡量

　　衡量生產力，如同衡量其他任何東西一樣，都需要加以「簡化」。衡量這門科學需要把大的、複雜的現象「簡化」成客觀的、可操作的地步，把衡量的向度以數字的形式表達。因此，任何的生產力衡量所能達成之目標或多或少都會少於實際上想要達成的。

　　例如，某漢堡販賣店的生產力可用數字表示成：

$$\frac{\text{販賣漢堡的數目}}{\text{投入的資源}}$$

這種衡量把漢堡販賣店整個生產力觀念，簡化成一個單一、狹義的數字：販賣漢堡之數目。這個數字並未告訴我們有關這個漢堡販賣店老闆的其他可能的重要目標。譬如說，這位漢堡販賣店老闆或許對提供一個既安全又

快樂的地點給幼稚園兒童開生日派對很有興趣；或許他希望計算出該漢堡販賣店的不動產淨值，這樣他才能夠把它賣掉，然後準備退休；也或許他希望能提供販賣店中的工作訓練機會予當地高中生。而上述之單一衡量：販賣的漢堡數目除以所有投入的資源，並未提供任何關於其他可能的目標（產出）之訊息。

在這個例子中，老闆有幾個選擇。首先他可先放棄其他目標，因他了解到這些興趣比起主要的目標（販賣漢堡），都只是次要的，先賺取利潤後再朝向其他目標前進。他也可以聘雇一位衡量專家幫他建立一套精密的公式，將其所有的興趣都列入一個衡量公式中。或者，他可以同時使用數個衡量，而每個衡量都與其每一個主要的興趣相配合。像這樣的一組衡量，稱為「家族式」衡量；在該家族中，每個衡量皆是完整的個體，但卻又互相關聯。合在一起的時候，它代表該老闆全部的興趣。這些衡量計算式可包括：

$$\frac{\text{有意義的訓練機會數目}}{\text{花在訓練上的銷售毛額百分比}}$$

$$\frac{\text{被用來當作生日派對場地之小時數}}{\text{用於派對場地佔預算百分比}}$$

$$\frac{\text{財產淨值每年增加的金額}}{\text{每年資本改良的成本}}$$

$$\frac{\text{販賣漢堡的數目}}{\text{全部支出費用}}$$

這四個屬於同一個家族的衡量數學式現在可以代表漢堡店更大部分的完整目標；換句話說，外部的人可以從這些衡量的計算式中了解到更多有關漢堡店的經營理念。且由於每個衡量只代表一種特定且個別的產出，因此，經營者可以較輕易地追蹤每種產出的績效。但若將他們合併成一個單一衡量，則會掩蓋住每種組成要素的貢獻。譬如，單一衡量可能會顯示出整體性的增加，但這個整體性的增加可能是銷售驟增抵銷了生日派對數目減少，而前者之影響大於後者所致。

「家族式」衡量與單一衡量相較之下明顯的提供了更多與單位績效有關的片段式資訊，因此，更適合必須權衡所有情況下做決策之用。使用家族式的衡量並無法論及單一績效衡量，因而面對「某單位做得如何」的問題時，其答案總是有所侷限，無法明確表達。例如，這家漢堡店老闆被問到這個問題時，可能會回答說：

嗯，銷售額是有點減少，生日派對沒多大變動，但由於我們提供派對場地所產生之商譽，以及我們去年夏天所提供的練習生訓練機會，使財產淨值大大地增加。整體來說，我覺得一切都還不錯。我不再年輕，而我真的需要那筆退休保險，而且我也不需要那麼多的收入，因為我們還有我太太的社會福利金。當然能使銷售額上升是一件好事，因為我們的小孩也要在今年進入大學就讀，我想我們會做好所有考慮到的事情。況且看

到那些新來的小孩學習如何依靠一份實在的差事過活也是一件好事。我可以告訴你，那會使我感到窩心。

當一個單一、整合式指標有很大的需求時，一個單一的衡量明顯地是不錯的選擇。但是，如我們在漢堡店老闆可能的回答中所見到，由於人們總是有很多的興趣、目標及價值，因此單一衡量很少會反映出事情的實況。基於這些原因，一般上家族式衡量的用途會比單一衡量來得多。

衡量時應有的一般性考量

在不同社會背景下進行任何型態的生產力衡量，都須注意到應有的一般性考量。由於衡量本身是件十分技術性且複雜的工作，因此其對專家知識見解的需要超過對一般的管理者之需要（Landyet al., 1984; Brinkerhoff et al., 1983; Campbell & Stamly, 1966）。本書並不意圖擴展讀者對這方面技術性知識及技巧的了解，但對最常見的衡量上應注意事項做了個簡短的討論，期能不致忽略了這些事項，並提醒本書的使用者去尋求更深層次的專門技術或知識。

效度

所謂的效度（Validity）係指存在於待衡量事物及衡量者想要獲得的衡量結果之間的關係。例如，假設我們想要知道這本書銷路的好壞（可能賣得出去嗎），則衡量生產力專家對本書的意見比衡量一般經理人或初學者對本書的意見來得不妥。反過來看，如果我們想要知道本書內文是否流暢及完整，那麼一般經理人的意見將比專家意見較不具效度。更技術性的說法，效度取決於待衡量變數（一位經理人的意見）及我們希望做成的推論（本書的銷路）之間的「適合」性。

在生產力衡量中，效度決定於衡量過程中所蒐集到的資料實際上是否與那些可加以控制來改進生產力之現象有所關聯。例如，如果某部門經理針對該單位實際上對組織沒有太大影響的事情進行衡量，則他所衡量的結果如何對生產力並沒有任何幫助，反而可能有害。同樣地，如果某項衡量想要衡量一項重要的產出，但實際上卻衡量到別的產出，則亦不具效度。

請注意以下這些例子：就報告的實用性而言，衡量某位經理實際使用某份會計報告之情形，比衡量該報告是否依照該組織之標準方針編製及是否具備可讀性，應是較適合的指標。就評估聘雇過程成功與否而言，衡量某位新進員工在到職日起六個月內實際的工作表現，比起衡量該新進員工資格符合工作規定的程度，是較適合的評估方式。就訓練的效度而言，衡量某位受訓者在其

工作崗位上的表現情形及講習會結束後對訓練品質的意見，前者比後者更為適當。

想要達到有效的衡量，首先要對我們想知道的事情作仔細及全盤性的考量。例如，當我們想要知道訓練單位的生產力時，首先，我們必須仔細地對該單位的產出加以定義：學習？工作績效？滿足感？忠誠度與及承諾？利潤？當確認過產出並評估了產出與單位之任務間的關係，就已具備適當的生產力衡量基礎了。如果產出與任務間的關係缺乏一致性；不夠嚴謹或容易混淆，那麼，根據這些產出所做的衡量，在效度方面就會令人存疑。

生產力調查者應該關心的效度，是在於確認過的產出及「真正」的生產力之間的關係。另一種效度則是指衡量工具本身（調查、觀察等等）及該工具想要衡量的事物之間的關係。試想，假設定我們對人力發展單位的生產力很有興趣。在本例中，該單位的產出是改進的工作技巧與知識。這個產出係先假設受到有效的工作知識訓練的員工越不會想換工作，再根據員工離職率的降低加以確認及證明。現在，假設衡量的方法是在每堂訓練課程的最後對受訓者進行調查。這種衡量（衡量受訓者認為自己已學到多少）可能不是適切的（並非實際衡量學到多少東西），因為這種衡量大大地受到訓練課程有趣程度之影響。也就是說，這個工具本來想衡量的是獲得的知識，實際上卻可能只衡量到娛樂價值，因而不是一種適切的衡量。適切的衡量方法應該是在課程結束時

對受訓者進行知識測驗，或者在訓練後由負責受訓的人員對受訓者之工作知識進行評估，或者在課程結束後幾個星期再進行意見調查（在娛樂性課程所造成的影響消退之後）。

效度的最大威脅也許是所謂的「次佳化」（Sub-optimization）狀態。這是指大營運部門中的一個不重要的小職務的生產力改進了，而整個部門所得到的生產力效益卻未受到影響或受到反向的影響。茲以某服飾郵購商為例。在這個事業中有個職務是打開裝有客戶訂單的信封。我們可能會研究此一營運單位，衡量其生產力（譬如：拆一個信封需要花多少時間），並著手改進該過程的速度和效率。但開信封這個程序，對組織全體而言，只是微不足道的一小部分；即使我們把拆開信封的時間減少成原來的一半（同樣的資源下，卻能打開兩倍之多的信封），對整體事業生產力將不會有什麼影響。然而，將時間精力花在這個微不足道的動作上卻很可能會降低整體的生產力。

在拆信封的例子中，我們所使用的衡量可能相當地適切；也就是該衡量可能適當地反映出拆信過程中的重要變數。但是，拆信過程在整個組織計畫中只是一個不重要的小角色。因此，經理人或調查員必須以大局為重，避免掉入上述之陷阱中，方能達到真正的衡量。

很多有關衡量的文章和著作對此效度課題有更深一層的討論。在本書最後的附錄中，可發現到一些有用的資訊。該資訊會提醒讀者仔細考慮有效度課題，並建議

讀者去找尋更多需要的資訊。

可靠性

可靠性（Reliability）是指衡量本身的準確性。以天秤為例，若其可移動的部分毀損或生鏽，則即使每次都對相同的重量進行衡量，都將會有不同的答案。或者，假設某電腦輔助部門想要藉由客戶對其提供的服務感到滿意的程度來衡量其生產力。如果衡量過程中所使用的評估客戶意見的調查表格包括很多令人感到困惑及很難用文字表達的項目，則很可能會錯誤地反映出客戶的意見，以及使實際上持有相同意見的人產生不一樣的答案。

可靠性受到衡量工具的特質及衡量過程所影響。當衡量工具及過程未經設計規劃或審慎執行，就會產生不適切的資料。譬如說，如果有份設計得非常好的調查問卷，能夠很精確並一致地衡量員工的心態。然而，如果有位經理將該調查資料分發到各個員工在公司信箱內；另外有位經理則針對該問卷項目，透過特殊管理會議予以討論；另一位經理只將問卷發給某些選定的員工；而還有一位經理則將問卷郵寄至員工家中。由於不同的員工族群會從不同的觀點及背景回答問題，從這些問卷彙總而得的資料很可能不是適切的一般員工心態的指標。因此，這個指標的可靠性令人存疑。

可靠性深受衡量工具及其執行方式所影響。它與衡量本身能否一致地衡量同一件事物有關係。效度及高度

可靠性來自審慎的設計規劃、實地測驗、重新設計，以及完整且一致的執行生產力衡量。總而言之，效度並非由衡量工具所組成，反之，應是介於某項工具所要衡量的及某人想要用衡量的事物之間的關係，這說明了衡量的主體為何。衡量工具對某種目的而言是適切的，但不見得也適用於其他目的。生產力衡量中的效度是透過確認產出及投入，以及經由仔細分析職務與組織而驗證該項確認之過程。

關於可靠性及效度之差異，茲舉例說明如下。天秤是用來判斷物體的重量的。如果把實際上重 15 盎司的釘子放在天秤上，結果天秤指在 1 磅重之處，又把實際上重 17 盎司的羽毛放在天秤上，其結果也是 1 磅。那麼我們會說這不是一個可信賴的衡量重量的方法。如果想要衡量羽毛或釘子的密度，天秤是不會告訴我們答案的，故天秤不是一種適切的衡量密度工具。

衡量方法有可能是可靠但不適切的。譬如：一個準確的天秤可以很適切地衡量出 1 磅的重量，但如果想要衡量密度，天秤仍不是一種適切的工具。然而，想要達到適切的衡量，其前提是須先具備可靠性。如果想要衡量重量，那麼天秤是個適切的工具。但是如果衡量缺乏可靠性，該衡量結果仍是不適切的。

偏差及抽樣

抽樣時若未能審慎考慮，容易在衡量時產生偏差

（Bias）。例如，我們曾對於客戶對管理資訊服務感到滿意的程度作了錯誤的結論，因為用以評估滿意程度的問卷在服務的最後階段才發給客戶。這份問卷調查的結果顯示出高度的滿意感。然而根據數個單位工作人員所得到的訊息指出，很多客戶都不滿意。且有些事後針對未回答者所做的調查詢問指出，那些對服務感到不滿意的人是不會等到服務完成的那一刻，因此也就無法完成或交回問卷。我們所能收回的問卷，都是那些感到滿意的客戶交回來的，但是實際上大部分的客戶都是不滿意的。

仔細及審慎的抽樣（Sampling）能夠避免偏差。例如，在評估製造零件品質的過程中，若只對日班完成的零件進行檢查，很可能會對整體生產品質產生偏見，因為從過去的事實來看，第二班及第三班的品質會逐漸下降。以下是另一些偏差抽樣的範例：在研習會結束時對受訓者進行調查，會產生偏差的樣本，因為那些不喜歡受訓課程的人很可能提早離席；公司自助餐廳的客戶很可能會對該餐廳提供的服務表示可以接受，因為那些認為該自助餐廳服務不好的人會到別的地方吃飯。

前一段提到一些較明顯的偏差釋例。抽樣錯誤容易在不知不覺中產生偏差。以一份客戶評鑑表格作為例子，該表格係某顧問諮詢服務公司提供予那些接受其服務的客戶填寫。假定這些顧客有批評，也有贊許的意見。然而，這項衡量工具及資料蒐集的過程可能只蒐集到（抽樣）正面的意見，其原因有數種：也許所使用的工具包含了較多會反映出（懇求到）正面意見的項目；也許該

組織的文化傾向於隱藏任何事情的負面表達；也許是顧客害怕萬一其所表示的負面意見被發現會對其不利。

有很多外力會影響人們的回應方式，使其產生偏差。就可靠性而言，仔細且設想周到的設計、考慮，以及重新設計資料蒐集過程將有助於確使每種方法都能反映出所有可能的答案及意見。例如，當我們使用面談的方式時，事前謹慎地訓練面談者，有助於避免被訪問者受到面談者的影響而使回答產生偏差。通常，受訪者不會說那些他們實際上認為該說的事，而是說那些他們相信面談者想要聽到的事情。

反作用

意圖影響衡量過程中事物的傾向稱為反作用（Reactivity）。例如，我們曾經與某公司合作要求經理們提交他們完成的績效評估報告樣本，以評估新的績效評鑑方法是否運作良好。很快地，我們發現到有些經理（很可能是因為害怕無法使用該評鑑方法而被處罰）特地為呈交該份資料而準備的報告---實際上是重寫那些他們真正用於績效評鑑上的報告，然後將這些重寫過的報告送至人事部門供衡量之用。

這個相當明顯的反作用實例顯然不會產生適切的資料，以提供作為有關新方法運作良好與否的決策。如果當時能就實際的績效評鑑報告來取樣的話，較能達到衡量的目的。衡量的第一法則是垂手可得的資料遠比為了

衡量目的而加工過的資料來得好。譬如像衡量實際的士氣指標（抱怨頻率與經理產生爭執等），比蒐集關於人們對士氣的感覺之調查資料來得好。使用垂手可得的資料，有二個好處。首先，使用已經存在的資料，其成本比起那些只為了生產力評估之目的而製造出來的資料低廉。第二，垂手可得的資料因早已經存在，不致於遭受故意扭曲或誤傳。

摘要

　　本章說明並討論了一些在生產力衡量中會遇到的重要定義、問題及觀念。我們把生產力衡量的基礎定義為產出與投入的衡量。品質觀念及其與生產力的固有關係被當成產出討論的一部分，因為若只單就產出的數量加以衡量，很快地會導致對生產力的誤解。此外，本章還提及客戶觀念，認為其與產出及品質有關係。進行衡量時需考慮到很多事項。若忽略了可靠性、效度、偏差及反作用的存在，結果將會導致錯誤的衡量。

3

超越正確性：成功的衡量要素

　　正確性，是生產力衡量的基本要求。也就是說，生產力衡量必須能夠真實並一致地反映出實際的生產力的變動。基本上，符合正確性是技術上的問題，而在目前的衡量技術背景下，這不是件困難的事。但如果要將衡量運用在複雜的組織背景下，只有正確性是不夠的。在本章中將確認、描述、討論及舉例說明四種標準，如果想要成功地使衡量成為不間斷的生產力改進過程之一部分，則務必達到此四項標準。此四項標準比正確性還要重要，即使衡量本身並非十分正確，但若能符合所提的四項標準，仍有助於生產力改進。

　　首先，先簡短地定義每一種標準，接著再詳細地討論每一種標準，並藉由各種不同的釋例，說明各種標準如何影響生產力改進。

成功衡量的四項標準

　　本書所定義的四項標準非常直接地反映出對實用性的偏重，尤其是針對生產力衡量應該要有助於改進生產力或研究與實際價值有關的問題。我們可能達到相當正確及高靈敏度的衡量，但是，如果這些衡量無助於人們在組織中進行生產力改善，則這些衡量並不成功。成功的衡量需要很多時間，並審慎考慮到組織、組織的目標，以及在其內工作的人們。爲了幫助人們將衡量工作的重點放在重要的成功因素上，本書對四項中心標準定義如後任何人，要想協助組織更有生產力地製造高品質的商品及服務，就則必須仔細考慮到這些標準。

　　這些標準同樣地適用於調查中的情況。如果工廠的工程師正試著判斷新技術對生產力的影響時，這些衡量效果的法則皆適用之。正在研究員工自己當老闆的公司（employee-owned）之影響及生產力的社會研究員也必須考慮到這些標準。

　　在此先簡單地說明每種標準。接著，將更完整地討論每一種標準。

　　標準一：品質。衡量必須先對產品或服務的品質加以定義，如果衡量只評估產出的數量，會導致生產力降低。

　　標準二：任務與目標。衡量只能定義及評估那些能夠和組織的使命及策略性目標相結合的產出及服務。衡

量那些與公司使命及目標不合的產出與服務，會威脅到生產力。

標準三：**獎賞與誘因**。衡量必須與績效誘因、獎賞制度與實行相結合在一起。衡量若是缺少這些重要的條件，將會對生產力造成威脅。

標準四：**員工參與**。在定義及進行生產力衡量的過程中，應有組織員工及其他直接相關人士的參與。缺乏相關人員的參與，將無法使其致力於衡量工作，因而無法從衡量中獲得令人感到滿意的結果或對未來的生產力產生任何影響。

品質

基於「瑕疵是要付出代價的」這個事實（Deming, 1981），商品及服務的品質（quality）直接與生產力有關。組織耗費在出現瑕疵或品質較差的產品上所需要的成本，與生產高品質產品的成本差不多。

全面的品質

請看一下這個簡單的釋例。ABC 公司係一家生產飲料罐的公司。該公司目前的生產過程會產生 20%的瑕疵品，此部分是無法售予瓶罐公司。ABC 公司必須從生產

線上回收這些瑕疵品,加以熔化後再投入生產。假定 ABC 公司每次生產十萬個飲料罐的成本爲一萬美元,相當於每個飲料罐的成本爲 0.1 美元(十美分)。但是,由於只有八萬個罐子是好的,因此每個達到可接受程度並可出售的飲料罐成本增加爲 0.125 美元(12.5 美分)。也就是說 ABC 同樣花十分美元生產一個瑕疵品。事實上,ABC 必須花費比這還多的成本在每一個品質出現瑕疵的產品上。因爲 ABC 公司必須先花錢請檢驗員找出每一個瑕疵的罐子,然後再花一筆重製的成本,將這些瑕疵品予以融化,並重製成新的飲料罐子。最嚴重的是,ABC 公司必定會面臨到一個事實。由於任何的檢驗都有百密一疏的時候,於是有些瑕疵品最後仍會在不知情的情況下被送到販賣瓶罐者的手中,甚至到消費者的手上。對 ABC 公司而言,它最後付出的代價可能是失去這筆生意、必須拿好的成品去換掉瑕疵品、或甚至導致法律訴訟問題等,這些成本很可能遠比每個罐子十分美元要來得多。現在,讓我們再看另一情形:假如 ABC 公司願意改變其製造過程,以達到較高的生產品質(譬如像 99.99%的完好產出),則其對生產力的影響將會如何呢?若進一步假設較高品質之製程所需花費的成本,經過分攤之後,每生產十萬個飲料罐的成本變成一萬一千美元,與先前每生產十萬個飲料罐需一萬美元相較之下,每個罐子的生產成本似乎是上升了,從每個十分美元上升到每個十一美分。但由於 ABC 公司可得到九萬九千九百九十九個完好產出品(每生產十萬個飲料罐只有一個瑕疵品),

因此每個達到可接受程度的飲料罐的成本從十二點五分美元下降到十一美分。ABC 的生產力已有改進！且先前由於低品質生產率所造成的很多相關成本當然也會同樣地大大減少，因此可達到相對較大的生產力效益。

接下來這個例子說明了品質與生產力間必然的關係，這是美國汽車製造業從日本所學到的觀念（Deming, 1981; Hayes, 1985; et al.）。有位美國車商總經理造訪某日本汽車製造商，在那裡他看到每當一輛車子離開生產線時，接著駕駛員馬上跳入開動車子，行駛到裝運出口的船旁。而此時底特律(Detroit)的工廠又是什麼情形呢？當一輛已完成的車子離開生產線後，接著一位檢驗者進入該輛車中，試著發動該輛車，結果是常常無法成功地發動它。接著，這些發不動的車子被生產線外的其他四名工作人員移至修理區，再由其他工作人員重新試著發動。如果車子在這裡仍無法被發動，則會被推到另一個修理場中，在那裡有個機器手臂規則地在有瑕疵的汽車之間來回地檢視！即使日本人多花一點時間在生產每一輛汽車上（而美國製造商很不幸地並非這樣做），仍可明顯地看到日本人高品質的生產方法遠比美國人更具生產力，且其生產每一輛達可接受水準的汽車所花的成本亦比較低。

由此可明確地看出生產力衡量必須注重品質。若單位經理只知道衡量其領導的單位提供予內部客戶多少分鐘的服務，而不管其所提供的服務中有多少分鐘是可令人接受的，則該經理將會被誤導。衡量的重點應該放在

可接受之品質水準的產品產出，而非只是產量上。

品質及客戶

　　品質有一個非常合適的定義：適合顧客使用。這個定義有點簡化，但由於它強調顧客在品質定義上無可取代的地位，因此頗為合適。組織，或其內的部門所提供的產品或服務，通常都會被特定人使用或消費，這些人就是該部門或組織的客戶。汽車材料供應商所製造的車燈開關是供應汽車製造商（即車燈製造商的客戶）使用。汽車製造商為開關供應商設立了一套詳細的品質規格清單，以確保該供應商所供應的每一個開關皆能適合所生產汽車使用。在這個例子中，我們可以很明確地看出，開關製造商所提供的服務或產品必須符合客戶所要求的品質標準，因此必須與客戶十分密切地配合，才能夠了解及定義出品質的標準。

　　此種品質標準與客戶期望的關係，在所有服務業或製造業中皆很常見。品質標準及其定義應考慮到客戶的期望。這通常意謂著生產力衡量須藉著調查或其他蒐集資訊的方法，以了解內部及外部客戶的品質標準。一旦人們對於品質的定義產生誤解或錯誤地定義品質時，生產力改進的需求便無法達成。

任務與目標

　　這個標準的定義相當簡單，也就是要確定待衡量的事物，對組織的目標與任務應該具有重要性。以一家販賣蛋捲冰淇淋的商店爲例。顯然地，這家店的任務與目標，應是在愉快的情境下又快又安全地提供客戶其所想要的冰淇淋。因此，這家店爲了改進生產力而選取以供衡量的事物，必須直接地與這些任務與目標相關。例如：衡量客戶滿意度或提供服務的速度，皆與該店能否達成其任務有明顯且直接的關係。

　　在龐大又複雜的公司組織中，有時候很難釐清並把焦點集中在那些和任務與目標有明顯且直接的關係的向度上。以下面這個簡單的例子來解釋：一家擁有數千名員工，產銷電子產品至世界各地的製造公司。這家公司和其他類似的公司一樣，擁有數個部門及單位，譬如：市場行銷、銷售業務、與人事、研發、法律行政、資訊服務等。由於這家公司特別重視人事管理，因此在人事部門中設有食品服務單位，提供自動販賣機、點心吧台及自助餐供員工消費。這個食品服務單位也參與了生產力改進，所選出供衡量的項目，包括：客戶滿意度、服務速度、乾淨整潔等皆是考量的重點。然而，在追求這些方面的改善時，很可能會對整體公司的利益產生負面的影響。例如，如果點心吧台裝設電視遊樂器供午餐休息時間的娛樂之用，則員工可能會對其提供的服務感到

更滿意。但是，這種電視遊樂器可能會讓員工無法即時返回工作崗位，而影響到公司更重要的目標，且可能因而降低生產力。雖然利用這些體貼且令人讚賞的熱誠舉動來滿足點心吧台的消費者，我們仍可發現到食品服務單位的經理在盡力滿足用餐員工的同時，很可能忽略生產效率、利潤等相關之整體公司任務及目標。就以上範例來說，單位經理在辨認其所在單位的目標及待衡量的事物時，必需考慮到更高層次的公司目標，否則容易造成提高了單位生產力卻降低公司整體之生產力，甚而偏離了公司的目標。

衡量及改善那些對公司整體生產力基本上不太具重要性的事物，稱為「次佳化」的狀態（Sub-optimization），也就是使次要的或不相關的事物達到最佳的狀態。這種次佳化，在現代龐大而複雜、擁有數百個單位部門之公司組織中，尤其不具效果。這些單位的經理，因本性所致，傾向於將注意力放在其所屬單位部門之特定任務及目標，且時日一久，還可能會忘了其所屬單位部門存在之理由。當對個別單位的考量逐漸超過對公司整體的考量時，次佳化之威脅也同時越來越大。這種次佳化不止發生在組織內的單位層次。在個別的任職者眼中，其負責之特定工作項目會比其他工作項目來得重要，因而逐漸忘卻較高層次的工作目標及其與單位部門或甚至與公司層次的需求。本書作者最近對訓練電話銷售人員使用新引進的電腦之研究，即是一個很好的例子。在這些工作中，有很多工作人員逐漸變得十分關切輸入資料的正

確性及其從某一螢幕移至另一螢幕的速度，反而勝過其與顧客的交互作用及滿意度的關切，銷售量也開始快速下降。這些工作執行者正朝向次佳化的陷阱；越來越注重較不重要的工作項目之執行。

　　這樣的陷阱對於生產力衡量的意義是顯而易見的。我們必須仔細地進行衡量，確保那些被選來衡量的工作、單位部門或公司組織之產出實際上對整體生產力皆具有重要性。這表示在必要的時候必須重新檢視並修正這些從不同的工作、單位部門或公司組織的產出，確保所衡量的產出與較高層次的組織任務及目標能夠相整合。當然，這種過程很可能需要對任務及目標進行不少的討論及審慎思考，而這又可能導致不同的意見及爭議。無可避免地，在職者很可能受到對個人的角色及價值之威脅。然而，想要衡量及改進生產力的人，絕不能受到這些事物的影響因而消弱了他們對於生產力衡量的本質性需求，並且要持續不斷的仔細調查研究所有組織功能以及工作和整體任務目標之間的整合。

報酬與誘因

　　「生產力衡量中，我能得到什麼好處？」這個帶有反諷的疑問句很精簡地道出第三個生產力衡量準則之主旨：必定存在著某種的理由才會促使人們進行生產力的

衡量並期待能得到正面的結果（Perry, 1988）。或許用負面的陳述，更容易讓人明瞭這個準則。如果沒有任何執行的理由，也就是不管績效是等於、高於或低於某一衡量標準，皆一視同仁，沒有差別待遇，可想像得到，執行者不太可能會去注意衡量資料所透露的訊息。衡量必須對其所衡量結果的差異提供個人或單位不同的回饋，否則有衡量等於沒有衡量。

因衡量結果的差異所產生的回饋可以有很大的變動空間，而且應該考慮到受衡量者的價值體系。生產力衡量的報酬及誘因，可以是有形的---加薪或紅利；也可以是無形的---表揚或公開讚美。不管是那一種報酬及誘因，對那些受到績效衡量者而言，都必須讓他們覺得重要且具有價值。有些公司會定期每月表揚生產力增加的員工，將其照片掛在員工餐廳，並在當地報紙上刊載他們的事蹟。另外有些公司則是提供現金獎賞及禮物，譬如手錶或其他小物品。另外有些公司則提供升遷機會或加薪條件給予那些生產力衡量結果卓越的人。這些公司都很重視生產力衡量，而衡量的結果（績效）和人們所受到的待遇有關，不同的績效有不同的待遇。

相反地，也有些公司對於生產力衡量只做表面功夫。曾經有家大公司在每一個單位部門進行生產力衡量，並指派了一個董事會層次的生產力衡量小組，負責撰寫文章及發佈命令。然而，儘管該公司在生產力衡量上花了不少成本，終究沒有一個單位在規劃以及營運上使用到生產力衡量的資料。這個公司的經理很快發現

到，進不進行生產力衡量，實際上並不會產生多大的差異。那些未進行任何衡量的經理們獲得了升遷的機會，員工增加且領到紅利；而其他設立並使用生產力衡量的經理有時反而無法獲得這樣的待遇。這種風氣逐漸地在公司單位間散佈開來，衡量系統並非真的那麼重要，而該公司內所進行的生產力衡量之努力也消失殆盡。今日，該公司仍一如往常地營運著，且幾乎看不到生產力衡量的蹤跡。

在生產力衡量過程中，我們必須將衡量與報酬及誘因制度緊密連結。當人們根據衡量的結果規劃及執行決策時，衡量變得具有自我報酬性的行動並且可長可久。以你自己為例：首次開個人支票帳戶時的一舉一動。一般而言，你必定會記下所有開出去的支票，並每月與銀行對帳單做對照。當你無法使用任何衡量資訊（藉由退票及支付透支費用之記錄），你就會知道至少要保存一些衡量系統，並注意來自你的支票記錄及銀行定期對帳單上的訊息。當組織中的人們被介紹到衡量及使用生產力績效衡量結果時，很可能會提出一些十分具體且直接的條件，做為其採行這些新的行為模式之代價（Landy et al., 1983）。然而，一旦時間經過，如果衡量真的會造成差別待遇，它們將變成一般工作行為模式的一部分。

想要達到這個標準，必須先徵得公司最高管理階層的承諾。如果獎賞制度並非以績效為基礎，則必須先在獎賞制度及文化上進行改變，再談生產力衡量工作（Perry, 1988）。譬如說，在公司中，如果不管員工績效是好是

壞，每個人都能夠順利升遷、加薪，或者滿足他們地位及表揚之需求，則生產力衡量將會徒勞無功。有鑑於此，想要主導及支持生產力衡量計畫的人，首先必須了解公司運作方式、公司的文化以及公司分配報酬的方式。

員工參與

　　四項標準中的最後一項，與要衡量些什麼無關，而是與如何使決策能夠落實有關。經過多方面的決策，包括誰負責去衡量，什麼時候須完成衡量，以及衡量後的報告要給誰看等，方能決定採行生產力衡量制度（第 7章及第 8 章將有更詳細的探討）。

　　還記得成功的生產力衡量的定義---「生產力衡量的資料必須能用來影響及改進生產力。」成功的生產力衡量，深受員工們對衡量的感覺所影響（Puckett, 1985）。如果員工的感覺是正面的，認為這個制度是有用的、公平的、公開的、公正的、重要的，則員工們實際使用到衡量的可能性將會大幅增加。反過來說，如果員工認為衡量工作本身並不公平、有偏差、不重要、有欠考慮或者只是管理階層用來處罰或利用員工，用以無止境地剝削員工的一種手段，則衡量工作必定會受到破壞。即使是沒什麼經驗的組織績效顧問都知道，空有最好的計畫制度是沒有用的，因為員工的破壞力是無限的。

讓員工參與其中是最實際可行、且能提升使用情況的方法。員工應該一開始就參與生產力衡量規劃過程（Shetty & Buehler, 1985）。公司若能讓員工參與，不僅有助於衡量的順利進行，更代表它是明智的企業。在蒐集資訊及設法達成改進時，最聰明的方式，是從週遭取得最好的資訊---獲得最好的專家意見。如果最上層的管理階層能夠做好授權工作，則每份工作的在職者將是最知道如何進行工作的人們。若未能讓工作之在職者參與衡量規劃及生產力改進，等於是忽略了最重要的專家。有時候公司會向外尋求協助，徵尋生產力專家，協助生產力衡量的規劃。然而，最好的專家事實上已經在為公司工作了---全體員工。因為，生產力衡量的規劃過程中，每一個步驟都需要員工的全力參與及投入。[1]

　　生產力衡量的規劃及實施，若能有員工參與其中，將會產生很多正面的影響，有助於生產力衡量的進行。就像上段所提及的，每份工作的在職者，是最熟知該項工作所有細節的人，因此，他們也是最有辦法進行相關分析的人。尤其是當員工認為衡量本身是公開且公正的時候，員工參與將會收買到員工的向心力及獲得員工的支持。此時，員工們對於其曾經參與協助建立的制度，比較會好好珍惜。

　　員工參與衡量的規劃過程，同時也能使其明瞭公司中生產力衡量的目的及程序。公司必須讓所有參與及受到潛在影響的員工們皆能充份明瞭生產力衡量的目的及程序。無知及誤傳最容易產生嫌隙及謠言。員工們若是

曾經參與一開始的規劃、決策、擬訂衡量方案等過程，就會知道有關生產力衡量的運作情形。本書最後一章將回到員工參與之課題，探討一些有助於公司建立及實施成功衡量方案的方法。

這項標準意謂著管理階層對於生產力衡量／改進仍具有相當的重要性。基本上，管理階層必須在這些工作上付出時間及金錢。但是，如果只有管理階層的努力，其效果將會十分微小。

摘要

本章列出了四項成功的生產力衡量所應符合的基本標準，並予以逐項討論。衡量首先務求準確。也就是說，衡量不該過於草率及不可信賴，否則容易傳達錯誤的生產力訊息。衡量上的準確性固然重要，但基本上這是一種技術上的問題，還算容易克服。準確性相對上是容易達到的，而且頂多只是有沒有辦法找到技術性專家支援的問題而已。然而，衡量上的準確性不太能說明人們是否有效地利用衡量達到改進生產力之目的。更進一步來說，衡量可以很正確，但可能只正確地衡量到一些與真正的生產力不太相關的事物。因此，本章乃在準確性之外又列舉了四項標準。首先，衡量必須包括品質面，因為品質上的改進，理所當然會促成生產力的改進。其次，

衡量所評估的績效，必須能和公司的任務與目標相契
合。最後兩項標準與公司政策較有關，並且與公司內的
人們是否會採用及接受衡量，有著很大的關係。因此，
第三項標準指出衡量必須配合公司正式的或非正式的獎
勵以及報償系統。第四項，也是最後一項標準，係要求
員工應參與衡量過程；非由員工參與的衡量，很可能註
定要失敗。

　　接下來的幾章，將更詳細地探討這些標準，繼續討
論一些能夠產生有用的衡量及實現成功衡量計畫的方
法。

註釋

[1] 關於員工參與的指導原則與協助，見 Moore（1987）。

4

生產力衡量中的產出

在前面幾章中，已針對生產力的衡量活動，提出了一個觀念性的架構與方針。接下來的三章，將為各位介紹一些公司、單位或個別的工作執行人員建立生產力指標時所需的特定步驟。

本章將介紹一些特定的步驟，供各位決定生產力衡量指標中的產出。剛開始時，每家公司、每一部門或單位的產出似乎都明顯可見，然而，實際上產出通常並非那麼明確或容易地加以定義。首先，本章藉著很多不同的例子來討論「產出」的觀念；接著，將說明重要的產出層次觀念，以證明產出衡量必須根據生產程序進行審慎分析。本章內容對白領階級及其他「難以衡量」的產出做了一個討論。由於美國產業正逐漸朝向服務性經濟前進，這種情況會更常遇到。

本章最後為調查人員、經理人員及其他想要衡量生

產力的人們，提出一些在衡量產出時務必記住的特殊考量及標準。

定義產出

產出，最簡單的說法是：任何個人、單位或團體組織「生產完成之商品及服務」（Riggs & Felix, 1983）。 因此，在一般性的生產力比率中，產出（分數的分子）是：

$$生產力 = \frac{生產完成的商品及服務（產出）}{投入}$$

然而，面對與日俱增的世界性競爭及一致強調品質的時勢，我們必須另尋一個更好的產出定義：「生產完成且可用、可售及符合最低品質標準之商品及服務的數目。」但仍有很多公司認為生產力只是單純地計算製造出來的產品及服務。在第 3 章中，我們已說明品質與生產力之間的關係。因此，在定義產出時，必須包含品質的觀念。

品質與生產力之間的關係可以輕易地加以說明。假設，有個麵包師上個月每小時能製造出二十個咖啡蛋糕，而在本月，他每個小時能製造出二十二個相同品質的咖啡蛋糕。由此可見，他的生產力增加了 10%。同樣地，如果上個月每小時製造出二十個咖啡蛋糕，而本月

每小時也是製造出二十個咖啡蛋糕，但品質較上個月的要好，則此時的生產力雖然較難衡量，但也是較上個月增加了。若另一位麵包師傅上個月每小時製造出二十個咖啡蛋糕，而本月則是每小時製造出二十二個。如果本月製造的咖啡蛋糕，二十二個之中有二個蛋糕是瑕疵品，則這位師傅仍然只能做出二十個符合品質要求的蛋糕，實質的生產力卻因同樣生產二十個蛋糕，但耗用較多的原料及設備用品而下降了。在建立產出衡量的同時，應將衡量品質及數量的觀念擴展至任何製成的商品及服務之上。

產出衡量的種類

定義產出後，接著討論在不同組織以及情境下決定產出衡量的架構。首先，必須決定衡量系統的層次，必須先做成此決策後，才能正確地決定產出衡量。一般而言，產出衡量有二種層次：

- 整體組織的最終產品或服務，以及；
- 組織的中間性產出，可能會變成最終產品或服務之一部分，但也可能不會。

再次引用先前章節中所提到的洗車例子。在這個例子中，我們看到最終的產出是「一輛洗淨並上完臘的汽車。」然而，說到中間性產出，則是洗車部門的成果：

「一輛洗乾淨、準備上臘的汽車」。在這個情形下，衡量的對象可以是最終的產出，可以是中間性產出，也可以是二者。

不管是製造業或是服務業，每個公司都有一種或多種最終產出。這些最終產出是指一些「存在於」公司中供他人或其他公司購買的商品或服務。一般而言，任何公司都有很多中間性產出，包括所有必須經過製造方能成為最終產品或支援最終產品的發展及銷售的過渡性商品或服務。

以一家庭清潔設備製造商之產出為例。對這個製造商而言，最終產出層次的產出衡量可能是符合品質標準且可銷售的製成品數量。

現在，請再以中間性層次來定義與衡量產出。從事生產地毯及地板清潔設備的製造商，擁有多種中間性產出。這家製造商的電動馬達組裝單位，可以且應該衡量每天可完成多少可供使用的馬達。亦可以衡量該公司之塑膠射出成型單位產出—每天可以生產多少符合規格的真空罐。同時對著色、油漆部門也可衡量每天可處理若干的清掃機（產出）。還有一些其他重要的中間性產出，對公司最終的產出有重大的影響，因此，在衡量時都應該加以考慮之。

我們也可以更詳細地定義及衡量中間性產出。譬如，在馬達組裝部門，可以衡量纏繞螺旋圈的機器之產出，衡量負責組裝馬達外殼之工作者的產出，衡量負責裝設配線裝置的人之產出及衡量那些負責檢查馬達運轉

情形的工作者及機器的產出。這些產出都屬於馬達組裝部門的中間性產出，且對於提供公司製造其最終產出（地毯清潔機）所需之符合品質標準的中間性產出（電動馬達）而言，皆十分重要。

大多數的公司，應該從各種不同的層次來衡量產出。只有當公司本身規模相當小、產品種類簡單，並有同質性的產出時，才能使用單一產出衡量。這種具有同質性產品的公司，譬如冰塊製造公司即是一例，此時僅衡量生產出來的冰塊數量及品質就已足夠了。然而，大多數的公司，其產出情況皆較複雜，需要進行多種的產出衡量，才能判斷及改善生產力，塑膠製造工廠即是一例。這種工廠有很多機器及系統，生產很多種的塑膠零件。其產品可能從打字機鍵盤到飲用的杯子都有。在這種情形之下，需要多種不同的衡量制度，方能追蹤每個營運部門的生產力。若再將公司中的營運部門再予細分成若干小部門，譬如材料處理部門、射出部門、存貨部門、裝運部門等等，再對這些小部門進行衡量，可能有助於追蹤各小部門的生產力。

藉著將複雜組織中的產出衡量分割成若干部分，不僅能衡量公司外部消費所需的公司產出，還能衡量公司內部消費使用的商品及服務－用以生產供公司外部人士消費的產品。事實上已經有人經由衡量組織內部消費所需的商品及服務獲得很多生產力效益。若能隨時注意組織上下的效率，就能把製成品的生產力記錄做得更好。

雖然很多製造商不衡量中間性產出，但幾乎都會蒐

集大量關於其最終產出的資料，包括客戶滿意程度的資料在內。例如，汽車製造公司不只是衡量生產、品質、數量等項目而已，他們還利用郵寄問卷的調查方式，追蹤客戶對其產品滿意的程度。然而，不論在私人或公營的服務業中，這種衡量最終產品的方式，皆不常見。

服務業缺乏衡量，很可能是由於服務本身的產出並非有形的產品，因而較不易衡量所致。就如同一般人的看法一樣，衡量那些無法看到、摸到或感覺到的東西是比較困難的。然而，由於任何得到很好的或非常不好的服務的人都能夠清楚地告訴你有關他對於服務品質的感覺，因此，服務具有一種明顯的效果。我們的主張很簡單，即是：服務業存在的目的就是要製造差異；事實上，製造差異即是服務業的全部。因此，服務業所提供的差異，其本質及程度，都具有高度的可衡量性，且同樣應該加以衡量。[1]

在服務業中，不可不強調衡量的重要性。服務業是一種人力密集且低毛利的事業。更重要的是，他處於一個極度競爭的市場，任何新興企業家幾乎不需要什麼本錢即可投入此競爭的行列。只要能獲得客戶的高度滿意，就可取得競爭上的優勢；因此企業必須進行普遍及系統性的衡量，才能確認出客戶的期望之所在，努力地滿足客戶的期望，並時時注意服務活動以維持客戶的滿意度。服務業的經理人員、研究人員等，必須精通服務成果的衡量。和製造業一樣，服務性產出的衡量不僅只在服務產出完成時為之，還應該在完成產出的中間就開

始進行。

從事家庭清潔服務的公司，其終極任務可能是：在高度競爭的市場中，提供客戶良好品質的家庭清潔服務。確認了任務，則最終產出就不難衡量了。顯然地，產出衡量可以是一個星期內完成清潔的家數。雖然如此，在任務描述中所提及的「品質」一詞，必須包含在內。因而，較好的衡量應該是每一星期完成並且能讓客戶認為很滿意的服務家數（透過事後的電話詢問追蹤）。如果這家公司事前曾向客戶提供保證滿意的承諾，則產出應該就是該星期清潔的家數扣除退回（不滿意）的家數。就中間性層次而言，我們可衡量不同清潔小組的家庭清潔服務產出。對於公司的電話行銷部門，可利用其每個月完成的銷售數目來衡量。對於清潔小組的管理者，可根據其每個月完成檢查的家數來衡量。這些都是達成公司任務的重要組成要素。如果每一項組成要素無法成功及有效率地履行其個別的職務工作，則會使公司喪失生產力。

組織層級圖（Organizational Mapping）（Rummler, 1982b）是一種很有用的決定公司中各個層次產出的方法。這個方法相簡單，就是去追蹤組織中有關原料、人工的使用及過程。圖 4.1 及 4.2 即是組織層級圖，顯示出主要的功能性單位，並利用箭頭表示其從屬關係。圖中的箭頭，顯示了某一個功能性單位提供另一功能性單位所需的投入。圖 4.1 係顯示整個組織的所有功能性單位，而圖 4.2 則是說明組織中的某個單位的功能圖。在每個過

程點上，我們可看出個別單位的產出。而這些產出往往
又成爲下一個過程的投入。接著，這個新單位的產出又
變成爲下一個過程的投入。這種追蹤方式可以一直進行
到公司的最終產品完成、出售爲止。因此，組織圖是一
種用來確認組織中任一時點的產出既簡單又有效的方
法。

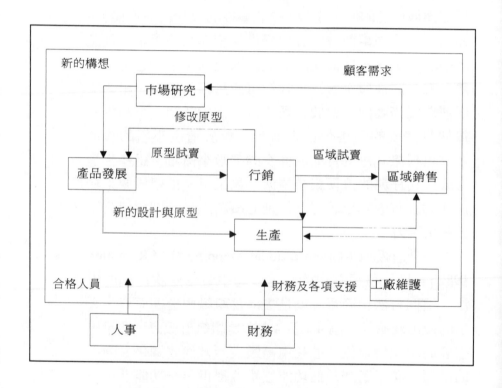

圖 4.1　一家假想製造公司的功能圖

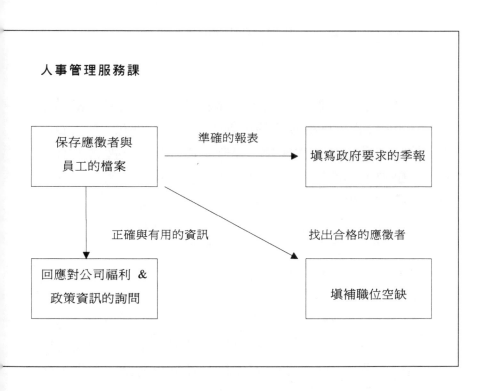

人事管理服務課

保存應徵者與
員工的檔案

準確的報表 →

填寫政府要求的季報

正確與有用的資訊

找出合格的應徵者

回應對公司福利 &
政策資訊的詢問

填補職位空缺

圖 4.2　一家假想大型公司人事單位的功能

不易衡量之工作的產出衡量

　　生產力衡量制度與製造業和時間及生產動（Motion Studies）作所做的調查研究有十分密切的關係。製造業中按時計酬的工人往往會感覺到生產力衡量／改進所帶來的壓力，然而，在同一公司中的管理階層，卻往往不須對特定的生產力效益負責任。人們很少衡量管理階層的生產力其中最常見的說法是「沒辦法衡量」。

　　不可否認，要定義及衡量管理單位的產出的確不太容易，但這卻也不是不可能的事。我們可從數個角度來定義及衡量管理部門（以及其他「白領」階級）的產出（Lehrer, 1983）。根據經驗，管理部門常常以「不易衡量」作為其規避責任的擋箭牌。若能衡量及考慮到管理部門的績效，則能加強整體衡量並減少所謂「我們、他們」的不愉快，並加強功能性部門以及管理部門人員之間的互動。此外，要對管理階層進行衡量的另一個理由，如有句俗話說「經過衡量，事情才會做得更好」。

　　然而，衡量白領階級的功能性產出，主要原因仍是為了評估及改進生產力。儘管很多大企業內部充斥著過多的中階管理者，但對一個現代化且具有複雜性的官僚作風的組織而言，的確是需要很多具有不同功能的單位及內部性的「服務」，譬如像法律事務、人事、訓練、員工輔助等等。而且，每一個單位都必須克盡其職責，方能達成公司整體的成功。而這也是對那些「難以衡量」

的部門進行衡量最佳的著手處。

以一家速食餐廳為例：在傳統的速食餐廳裡，你會發現該餐廳除了有一位餐廳經理外，通常還會設二至四位助理經理。這家店為什麼需要這些人呢？其目的為何？且這些人需要為生產力負什麼樣的責任呢？助理經理中，通常有一位負責工作人員的遴選及聘僱業務。當很多有潛質的員工留下來繼續在餐廳中工作，以及所聘用到表現良好的員工在該店工作達二個月以上時，該經理對餐廳生產力即做了很大的貢獻。這兩項工作的產出對改進客戶服務、降低訓練成本、減少紙上作業及減少因點菜時的錯誤所增加的餐廳成本，有著重大的影響力。我們可以根據那些繼續待下來做的應徵者及聘僱／遴選記錄，衡量該位助理經所做的努力。如我們在下章將會看到的，創造那些產出所需投入的成本也是可衡量的。

製造工廠中的管理單位看起來似乎沒什麼可供衡量的工作產出，但事實並非如此。現場單位的主管必須做很多事情，才能以競爭性的價格，提供消費者良好品質的產品，而這些事情中，有很多都是可衡量的。例如我們可追蹤員工抗爭的次數。某位車零件製造廠的人力資源經理就曾估計，每當發生必須要訴諸仲裁的員工抗爭事件時，公司需要花五千美元成本才能加以平息。一位能夠解決員工問題的主管，每年可為公司省下數千美元的成本。本來，那些成本應該要轉嫁給消費者負擔，或減少公司的營業毛利。此外，主管還應該負責訓練其所

帶領的員工。如果訓練工作與良好品質的生產有直接的關係，則我們可衡量出某位主管的良好品質之產出，並與其他主管相比較。

　　如果我們肯花些時間審慎分析高階管理者的產出及他們對於商品運送以及顧客服務所作的努力，則對於高階管理者的產出衡量仍是可定義的。高階管理者往往負責公司的溝通工作，因此我們可以衡量溝通的內容並進行品質分析，另外也可以透過員工的回饋，檢視他們是否對於溝通的內容充分明瞭。

　　高階管理者還得負責主持很多的會議。具有生產力的會議是指那些充分地準備議程，把焦點集中在那些能在會議中決定或有幫助之課題上並能夠時時注意會議進行步調的會議。如果管理者們正在進行具有生產力的會議，則衡量其產出是可能的事。此外，假設有六位管理者參與其中，而每位的酬勞是每小時二十五美元，則我們也能計算出這二小時會議所需的公司成本。同樣地，制定決策的速度與獲得決定所必需經過的程序多寡，都是重要的生產力衡量要素，並且是能加以衡量。因此，進行高層管理者的生產力衡量所能得到的潛在生產力效益是無窮的。

　　我們認為公司應盡可能衡量及改進那些「不易衡量之職位」的生產力。如果某項職位對滿足消費者需求有直接的貢獻或能協助他人滿足消費者的需求，則表示它有可衡量的產出。如果某項職位無法達成上述任務，則代表它該從公司中撤除。

產出衡量時的特殊考量

　　想要成功地將生產力衡量的結果整合到有效的生產力衡量工作中，衡量的產出必須先符合一些標準。有些標準已在先前幾章中討論過，而其他的標準則將在最後兩章中提及。最後，產出衡量必須符合第 3 章中所討論到的一般性衡量標準，因爲這些標準適用於任何的衡量上。由於我們的主題是產出衡量，因此在這裡我們僅列示並簡短地討論對產出衡量特別重要的標準。

1.產出必須具重要性，且與組織任務及目標有關

　　首先，我們應該只衡量重要的產出。有些產出很明顯較其他的產出來得重要。例如，在一家麵包店裡，由於我們一定會想去滿足客戶對每種產品的需求，因此，我們可能會認爲「每一項產品（甜甜圈、咖啡蛋糕等等）的生產數目」是一項重要的產出。反過來說，相較之下，同樣是可衡量的「每個盤子裡的產品數目」，就較不具重要性。對麵包店的使命及目標而言，滿足客戶對特定產品種類的需求是件很重要的事，而這項產出的變動將會影響使命的達成。但是，每個盤子中之甜甜圈數目的變動，對達成使命則較不具有影響。在眾多可能的產出中，只有少數的產出能夠產生有力的衡量資訊，以供做成重大生產力決策時的參考。判斷一項產出是否重要，

其訣竅是先確認其是否值得衡量。

2.產出衡量所依據的標準必須反映出「客戶」的期望

　　我們已在很多例子中強調品質在生產力衡量時的重要性。品質上升會產生生產力效益，因為重製成本、客戶退回成本等皆會因此而降低。但是，我們必須記得一件事，品質和數量相對的。就像美人與旁觀者的關係一樣，品質是被客戶看在眼裡的。實際上，品質有個十分可行的定義：「滿足客戶使用所需。」不管某項產品原先有多好，如果不被客戶接受，仍然無法通過品質測試。假設我們決定開一家比薩店。由於我們認為產品應該要有很好的營養成份，因此我們在比薩上加了全麥麵粉、燕麥麩及啤酒酵母等。我們也仔細地評估比薩的品質是否符合我們所訂定的嚴格檢查標準。根據我們自己的衡量，我們生產的比薩具有最好的品質。然而，我們又到公司外面進行測試。結果，我們的比薩過不了客戶那一關，因為它們無法滿足客戶的需求。生產地毯清潔機的公司，馬達部門所生產的電動馬達必須達到組裝部門所能接受的程度；行銷研究部門所完成的市場分析不僅必須正確，同時還要讓產品發展部門認為具有可讀性及可接受性。一般工、商、服務業中，各個部門所提供的產品，不是供內部客戶使用，就是供外部客戶使用。然而其品質門檻都必須反映出這些客戶的需求及期望。

3.必須讓員工參與確認產出及衡量的過程。

　　這個標準，所涉及的事實上並非產出本身的特性，而是在確認及選擇衡量所需的產出的過程中所得。本書稍後幾章將更詳細地討論這個主題，因為它非常重要。在此，我們只是想要提醒您，並強調其重要性。生產力衡量大多會伴隨著員工們不同程度的反抗及抵制。這些員工可能會把衡量當成是一威脅，並可能會試著去破壞該衡量制度。人類在團體中似乎都會顯現出其天生且無可限量的破壞能力，以阻撓任何的管理控制計畫，包括生產力衡量在內。

　　員工參與不僅是一個實際的課題。照理說，那些將要接受衡量的人們至少應該有權明瞭衡量制度及標準，且為了公平起見，在決定哪些項目該被衡量、如何衡量及由誰來衡量等問題時，每個人應皆有發言權。沒有任何事情會比違反這項原則更容易、更快速地使一個出於善意又複雜的衡量制度在研究人員或經理人員的面前毀滅。

4.受到衡量的員工們對產出必須具有控制能力。

　　當生產力的成果受制於生產單位的外部人員，對於改進生產力會出現缺乏自主權的問題。有個從事電話行銷的公司十分依賴一項新穎、複雜且集中式的電腦系統。剛開始時，顯然有好幾項生產力問題都不是這家公

司負責者所能控制。其中一個原因與電力有關，因為該電話行銷公司的控制中心位於一處住家及商家皆呈爆炸性成長的地區。由於當地電力公司無法為整個地區提供良好的電力服務，該地區遇到了頻繁的部分供電以及完全熄燈的狀況。由於該公司操作人員之電腦操作完全依賴電力公司之供電服務，因此生產力受到影響。在這個例子中，操作人員無法完全控制影響其生產力的主要因素。因此，衡量計畫必須考慮到該地區的經常性停工期，並予以適當調整。很多公司團體都存在著類似這樣的情形。一家卡車組裝公司，若能採購到適合的數量及品質之零件供組合之用，最後的生產線才能生產出品質更好的卡車。而如果組裝部門能讓採購人員明瞭卡車訂單及零件的存貨量，採購人員就能採購到適合組裝部門所需的零件品質及數量。這種對生產力衡量的更進一步的看法，是要注重整體公司的生產力，而不是只注重單一層次或工作執行者的生產力。具有此種關係（某單位的產出是下一個單位之投入）的公司，必須建立一套合理的衡量制度，方能使任何單位都能對其所能控制的部分負責。或許有其他有用的衡量方法，但是也必須要考量到生產的其他問題，並且要確定能夠衡量到真正想要衡量的單位。

定義衡量標準

衡量標準指出了人們認為產出所具有的最重要的特殊屬性及特徵。在麵包店的例子裡，如果把「甜甜圈」視為一項重要的產出，則必定會指出要衡量甜甜圈的哪些事項：重量？味道？質感？數目？大小？蓬鬆的程度？外表？形狀？當然，為了能夠衡量這些屬性，還得再進一步把這些屬性具體化，例如：「在室溫下，重量須在 1.0 至 1.3 盎司之間」，或者「受損時不會碎掉」。

當然，衡量標準應該直接來自於客戶並反應他們的期望與需求。而且，這些衡量標準應該由負責完成產出的人從完整地檢視一次，才能確保這些標準都是合理且公平的。

表 4.1 中，列示幾種同時適用於內部及外部客戶的產出標準。

衡量產出的方法

衡量產出的方法有很多種。方法的選擇與設計當然主要決定於待衡量的產出之本質及人們認為重要的標準（請讀者回想第 2 章中我們所討論到的一般衡量方及提供建立衡量所需的步驟及程序）。

一般而言，常見的產出衡量有兩種。第一種是直接衡量產出的明顯特徵。這些特徵，在產出完成時、產出的發展或生產階段，從產出的外表可以看出來。

　　對有形的產品而言，這些明顯的特徵就是該產品的自然屬性或操作表現。例如，對於一台已完成的地毯清潔機，可衡量（1）馬達產生之噪音分貝數；（2）在製造或完成的階段所發現的缺陷數；（3）清潔管尾端所產生的吸力呎磅數。另一個例子。對於甜甜圈，則可衡量其（1）以公克表示的重量；（2）外表瑕疵的比率，以及（3）從烤箱中取出時的內部溫度。

表 4.1　常見用於衡量產出的標準

精確性	在 y 的 x%之內，低於變數的 5%等等。
適時性	當完成時，不晚於，在 x 之期間內，在……之前等等。
歷史標準	比以前多，時間比 x 時少，和去年一樣等等。
比較性標準	比 x 多，少於 y，等於 z 的績效，比麵包盒大等等。
製造規格	特定的長度、大小、形狀、成份、構造等等。
執行的方式	一致性、經常性、可靠性、變動等等。
數量	片數或塊數、套數、組數、組成分子數目等等。
實體的特徵	大小、重量、高度、長度、厚度、形狀等等。
消費者的態度	滿意度、同意、接受、贊同等等。
審美學角度的評估	美麗、外表、色彩調和性、顯眼等等。
感官上的屬性	香味、味道、觸感、構造等等。
執行的條件	當被 x 使用時，會……，或者當根據 y 來評估時，會……，或者當利用 c 來觀察時，

	會……，或者當我們以克拉爲單位的天平來稱重時，會……。
成本績效	比……便宜、等於……，不多於……等等。
完整性	所有零件皆已完成、所有組成要素皆已呈現，總數的 80%等。
正面標準	增加的、大於、多於、等於……等等。
負面標準	少於、低於、減少多少、少於 x 個瑕疵等等。
零標準	絕對的公差程度、沒有偏差，完美，零抱怨等等。

對服務業而言，所謂的明顯特徵是指適時性、完整性或其他服務相關的屬性。例如，有家換機油的店，該店設有一位經理負責完成檢查表，以確定已完整提供每項服務細節（冷卻器的檢查、裝滿油等）。這位經理同時還檢查是否在指定時間內完成這些服務。有家電話行銷公司使用電腦衡量回答電話前經過的時間、計算接聽電話通數、接聽時間及接聽電話中放棄的比率。比薩外送店可檢查是否已將比薩送到客戶處、比薩被送到時外型是否受損、送到的比薩是否和訂單一致，及比薩是否在指定時間內送達等等。

第二種衡量方式，是指評估某產品的客戶反應與意見之類的屬性。例如，比薩店也可以衡量客戶對於後述項目之滿意度：（a）比薩的口味、外表、味道等；（b）準時送達，以及（c）運送人員的態度及專業的外表。

當然，客戶反應與意見取決於產品的外表所呈現的屬性。假定當比薩訂單正確、準時被送達、吃起來味道不錯、運送人員態度親切，則客戶將會感到滿意。如果

所有被衡量的屬性皆符合特定標準，而客戶卻仍不滿意，則必定還有一些未被注意到的屬性。或許客戶還希望比薩在運送時是裝在堅固的盒子中，甚至還有一些其他期望。

顧客滿意度的衡量最主要的一個優點就是提供了（1）確認現存的品質標準以及（2）明白客戶的期望所在的機會，以供建立新標準時的參考，並能將新標準列入生產過程中。更重要的一個優點就是，衡量客戶的反應，能夠明瞭客戶考慮的重點所在並獲得客戶的重視及忠誠度。

可能有人會問，如果衡量客戶的反應有這麼樣多好處，為什還要衡量產出的直接屬性呢？部分原因是基於成本的考量。調查客戶對產品與服務的反應是很花成本的。通常，衡量服務或產品的直接屬性是比較省錢的方式，因為這樣的衡量可視為最終產品或服務交運過程的一部分，所以容易達成。第二個重要的原因，是由於這種衡量方式，可使瑕疵品有回收的機會（如果可能的話再予重製），而不致使瑕疵品流入市面，如此一來，可避免傷害到與客戶的關係。在直接衡量時，有很多方法可供使用，包括下列各項：

- 紀錄保存比率、退回量、產量、頻率、抵達數、偏差量等資料。
- 檢查瑕疵、缺陷、異常狀況、錯誤等情形。
- 直接計量熱度、大小、重量、堅固性、阻力、清

晰度等。
* 使用性、耐磨性、耐用度、強度等試驗。
* 利用味道、外表、對照、可讀性等判斷。
* 對痕跡、殘渣、殘餘物等分析。

　　要想蒐集客戶的意見，有下列幾種方法可供選擇。一般常見的方法有：藉由電話拜訪或親自拜訪、電話或書面的調查，集體訪談以及附有回函的調查表格。衡量客戶的滿意程度，雖較不直接但仍有其用處，可從分析退回、抱怨、再訂貨等情形推論而得。

常見的產出

　　表 4.2 列出一些為工作角色及職能所定義的可衡量性產出。當然，沒有一種產出能夠適合任何既定的情況。提出這些產出，是為了幫助讀者在其所處情境下定義工作及職能的可衡量性產出時能有所參考依據。

有關產出選樣的討論

　　或許表中所列示的產出，具有的最大特色，就是沒

有一項產出能完整地定義任何工作或職能的產出（結果）。這項「簡化」是衡量中無可避免的；當我們宣稱要衡量某件事物時，實際上，我們只衡量到關於該件事務的一小部分。

這種對職能產出的意義所做的必要的簡化，有待討論。茲以表 4.2 的「成本精算師」的產出為例：「及時完成的報告數目。」顯然，成本精算師的職責是生產報告，而實際上，這些報告是主要且有形的職能產出。再者，某位成本精算師若能夠持續比其他任何成本精算師生產更多的報告，可能代表他具備較佳的生產力。但除此之外，還有其他方面的績效和生產力有關。例如，某位成本精算師可能完成大量的報告，但不能只看「數目上的衡量」，因為其所完成的報告，可能有些不完整或有錯誤；也或者，為了提高生產量，成本精算師可能會因而草率地或敷衍地完成報告。

表 4.2　一些常見的產出

會計師	為客戶精確驗證的財務報告份數
演員	扮演過的角色數目
汽車修理技工	所有已完的修理案件中，沒有客戶退回或抱怨的比例
銀行存款員	正確地處理之存款數目
大樓管理員	每晚清掃的面積中，符合檢查標準之面積
出納員	所服務的客戶中，收到正確找零金額的客戶所佔比率
化學家	按照計畫進度完成的研究報告數目
保母	所照顧的小孩中，未受到雙親抱怨的數目

電腦程式設計員	所設計的所有程式中，被客戶接受的比例
建築物檢查員	每星期精確地執行檢查的數目
廚師	正確並及時供應訂單的比例
成本估算師	準時完成的報告數目
設計家	被客戶接受的設計作品數目
負責應徵面試者	正確地完成面試的報告數目
教授	每年畢業的博士人數
	對其所提供服務感到「完全滿意」的客戶比例
律師	對其提供服務感到滿意的客戶比例
牧師	受其教化的病人數目

　　人們無可避免地將會以衡量為重，並因而深信衡量中所考量的事情正是他們所須在意的事情。這個傾向在某方面來說是一種能增進生產的驅力，因為是其迫使績效朝向目標前進。然而，如果讓員工過度注重某些受衡量的目標，因而犧牲掉其他重要的目標，可能會降低生產力。當挑戰者號太空船爆炸時，全世界目睹了一場因這種趨勢所造成的嚴重悲劇。這項爆炸事件的調查結果顯示出一件事：能否準時發射（一項很受重視的衡量項目）所產生的壓力，很可能使工作人員忽略了很多品質及安全上的考量。根據我們自己在一家電話行銷公司的工作經驗來看，當衡量過程特別地強調每小時所回答的電話通數時，接聽人員對待客戶的態度容易變得過於草率，而使整體生產力降低。當我們使其他衡量對象受到重視時（把電話通數換成銷售額），這個問題就解決了。

　　我們不可能只憑單一衡量，就能充分得知某項工作或職能的重要性為何，所以在此們還要介紹多重衡量

（Multiple Measures）。研究人員及經理人員應採用「家族式」的衡量，以避免單一衡量曲解了某項工作的成果。例如，我們可以衡量成本估算師之（1）存檔的報告數目；（2）正確且完整的報告數目以及（3）客戶對成本估算師的滿意程度。這樣的「家族式」衡量可對工作成果提供均衡的觀點。「家族式」的概念將於第 6 章中在深入研究，在那裡會特別討論到多重要素衡量。

摘 要

在本章中，我們從兩個層次來定義產出。所謂最終的產出是組織所產出的「可用、可出售、達到可接受的品質的商品及服務」。而中間性產出則是指單位及次級單位所生產完成並提供給其他的單位或次級單位生產使用的商品或服務。若只衡量生產出來的商品或服務，而不注意品質，會忽略掉生產力衡量中的主要效益。此外，本章也強調客戶的期望在定義品質標準時的重要性。

公司應從不同層次的角度來衡量產出。其方式可以就整個組織的產出來衡量，也可以衡量組織中的各個單位、各個工作個體及各部機器的產出。很多商品製造公司都有多種產出衡量。但對服務業而言，則不是如此，而且一般上都須要付出更多的努力去定義其產出及衡量標準。

本章為服務業及製造業等不同的公司組織，列舉了
很多產出衡量的例子。這應該可以提供給讀者一個基本
架構，以開始進行他們所熟悉的工作或組織產出分析。
最後，本章提到一些進行生產力衡量制度時的特殊考
量，而對於生產力衡量的投入面將於下一章中為各位介
紹。

註釋

[1] 從許多的文獻資料中可以發現到，在越來越大的服務性產業
領域中，生產力的衡量與計劃評量的訓練有很大的重疊存在。
可以在其他相關主題的參考文件中得到更多的資料。

5

投入面的衡量

在前一章中，討論的主題是衡量產出。而在本章，將討論生產力等式的另一邊：投入。產出正確的衡量之後，公司的生產力檢核才得以完成，並能夠反映出組織所生產的商品及服務的數量、比率、外觀等方面的資料。雖然如此，惟有考慮到生產的成本面，方能決定真正的生產力。

一般而言，公司傾向於將注意力及衡量工作擺在產出面。如果公司有準備要衡量任何事物，產出面通常都是優先考慮的對象。有很多原因造成這個事實，然其根源幾乎都是由一般文化及認為「結果就是一切」的普遍看法所造成的。公司存在的目的，就是為了把產品及服務「送出公司大門外」，因而從上到下的公司員工都只關心工作完成後所看到的東西：生產。然而，最糟的情況因此而發生：人們都忽略了投入面的衡量。

對生產力衡量的過程而言，投入面一樣重要。如果產量增加，而原料的耗用卻增加得更快，則實際的生產力反而降低。最近，很多美國的產業都遇到生產力下降的問題，尤其是汽車業最為嚴重，就是上述事實活生生的例子。由於美國本土的人工及能源成本上升，其生產力隨之下降，因而讓外國競爭對手有機可乘，搶得市場佔有率。如果公司的經理及研究人員們能使員工注重投入面，並協助追蹤原料的耗用情形，則可獲得較佳的效率，且此種節省成本的努力也可受到衡量。

　　在本章中，首先定義及討論幾種應該加以衡量的主要投入。接著，說明及討論衡量投入面時所需的考量及方針。然後，提供一些關於如何衡量投入面的步驟及建議。最後，再列舉幾種投入衡量的例子。

定義投入

　　投入是指公司生產商品或服務之過程所耗用的原料。以販賣甜甜圈的店家為例：該店生產很多種甜甜圈供客戶選購。在此例子中，很明顯可知其主要的投入是麵粉、糖、其他原料、烤箱、食譜，以及其他生產甜甜圈所需的投入。當然，在其他的投入之中，還包括了烘烤及銷售甜甜圈的人、加熱烤箱的電力，以及店面本身。另外，還有一些較不直接的投入，譬如像廣告及行銷成

本、保險費、打烊後清潔店面的清潔服務費等等。

　　傳統上，我們將投入分成五大項：人事、資本、能源、材料及服務（有時候亦稱為「間接人工」）。下一段中，將更詳細地討論每一項的投入，現在我們回到甜甜圈的例子中，看看其所需的投入如何歸屬至上列的五大項投入。所謂的人事，包括烘烤人員及負責收銀機的店員；能源包括加熱烤箱及店中的電燈、陳列櫃所使用的電力；材料包括麵粉、糖、牛奶、雞蛋、包裝紙，以及其他消耗品；店面、陳列櫃、烤箱及其他設備，則代表資本投入；最後，像廣告、保險及清潔之本則歸入服務項下。

　　人事成本（Personnel Costs）：要一家公司不藉由任何人事的參與即可完成生產產品或服務的工作室不可能的，而產品及服務，從開始到完成，所需的時間及能源都不相同。有些產品及活動本身，傳統上傾向於人力密集，譬如像醫院、政府機構、紡織及服裝業，以及航空公司訂位系統。有些企業組織則需要較很少的人力投入，即可完成產品或提供服務，譬如：長途電話的經營者、自動化的高速公路過路費收費站、太空旅行，以及自來水處理廠等。但是，儘管使用人力的多寡程度不同，所有的活動都必須將人力因素列入考慮。由於人事成本常常是生產過程中的主要成本之一，因此，它也是衡量生產力時的重要變數之一。在很多衡量下，人事成本是唯一的投入變數。

　　在前面的章節中，曾經討論到將生產過程再予細分

成數個部分，以確認出中間性產出。此種細部分析，在確認投入時，亦同樣地重要。例如，以上一章提到的甜甜圈店爲例，有種非常明顯的人力投入，也就是那些負責做出甜甜圈的人。事實上，甜甜圈本身對於零售人員（商店中的收銀櫃檯）而言，亦是一項投入；在這個部門，店員們把甜甜圈售予消費者。零售部門也有其人事成本，也就是負責收銀機操作的人員。若該店有一套更自動化的製造設備，就只需要一位不太有經驗而成本也較低的廚房人員。如果無效率的販賣部門計畫需要二位收銀收員，儘管他們二人皆未曾實際參與甜甜圈的製作過程，這兩位收銀員的人事成本，理所然應該計入生產過程的整體成本之中。顯然，如果這家店能只雇一位收銀員來販賣甜甜圈，則整體生產力將會提高。研究人員、評估人員、經理人員及其他正在準備要進行生產力衡量的人，必須小心地確認出很明顯但較不直接的人工投入因素。

在大型且複雜的公司企業裡，間接的人事成本，比較之下似乎與某項特定產品或產出更有關。上述之甜甜圈店裡頭的櫃檯人員即是一例。在這個情形下，間接人工所造成的費用應歸至產品的產出成本中。但當有數種不同產品的情形下，間接人工無法很明確地歸屬至某項特定產品，則可採用平均法分攤至每項產品。將間接人工歸入產品成本的方式通常有助於公司管理當局考慮其對多項管理層次的需求，尤其是當生產力衡量把間接人工成本視爲產品或服務之投入時，更是如此（Lehrer,

1983）。

通常，人事成本的資料都很容易取得。對於按時計酬的人工，時間表及薪資帳冊即可供提大部分所需的資訊。對於支領固定薪水的人工，年度薪資紀錄（包括利益）包含了大部分需要的資訊，在該圖中人事成本即是投入。由於人事成本資訊很容易取得，因此在追蹤生產力時，它往往是唯一的投入衡量。如同先前所說的，如果一家公司並非是人工密集的產業，而把人事成本當成是公司的唯一投入因素，則此生產力衡量將不太可靠。若是一家公司，其成本是由人工、資本及能源三者平均組成，則使用此衡量方式所產生的結果也不太有用。

由於美國逐漸走向服務經濟，人工成本因而逐漸成為公司組織中的一項主要投入因素。因為服務業是人工相當密集的產業，衡量人工投入的生產力，對於企業成功與否很重要。

資金成本（Capital Costs）。 此種投入因素的衡量，是要追查企業維持營運所需的資金。幾乎所有的企業都需要一筆資金才能夠開始營運，維持生產力，並永續生存。另外，對於那些需要大量的資金才能維持生產力的組織，我們可稱之「資本密集」產業。對於資本密集產業其投入面的生產力衡量，重點就是在於資金的花費。

企業需要大筆資金，可能因它必須時常重置設備、必須擁有不動產，或需要大筆資金供基本開銷之用。以下是一些此方面的例子。電話公司需要龐大的設備投資。自動化的結果，使該產業對於人工的需求逐漸減少，

取而代之的，是增加對昂貴且複雜的設備需求。此種設備是一種全新開發出來的設備，需要鉅額的資金才買得到。很多關於新設備的資本投資決策，係根據新設備及技術的預期生產力效益而定。有效果的的生產力衡量程序可知道有關目前生產力的狀況以及進行生產力衡量後可以得到何種成果。

鐵路公司是另一種資本密集產業。此種公司需要鉅額的資本投資，供購買設置鐵軌所需的用地、購置火車頭及車箱，以及裝設鐵路運輸處理系統。難怪過去五十年中美國沒看到幾家鐵路公司在經營！成本那麼高，而獲利又不確定，因此很少有人願意投資。儘管如此，惟有進行生產力衡量，方能判斷今日仍然存在的鐵路公司是否應投下更多的資金已購置新的硬體設備並且有希望可以因為新硬體設備的購置提昇生產力並能因而獲利。

透過追蹤資本的貢獻以改進生產力，是一項容易卻複雜的的過程。由於資本支出的資料通常很容易判斷，與公司會計有關的書籍，對此皆有相當完整的描述，因此，它容易。至於它之所以複雜，是因資本投資往往會同時提升公司多方面的生產力。因此，很難判斷某項資本投資對生產力改進的貢獻究竟有多少。衡量購置新堆高機所帶來之生產力增益是一個例子；衡量因採購新電腦系統而在管理、製造、銷售、會計及規劃等部門所增加的生產力，則又是另一個例子。通常，像這種資本革新的效果很難追蹤，且需要更複雜的調查方法。

能源成本（Energy Costs）：同樣地，很少有公司能

完全不需使用能源，因此必定會發生能源成本。對某些企業而言，要改進其生產力，莫過於衡量所耗用的能源並增加耗用能源所能產生的最大生產力。所謂的能源，是指那些用以推動生產過程所需的資源，譬如：天然瓦斯、電力、水、油、燃煤等等。

　　有家冷凍倉儲業者，在夏季月份的電力成本平均超過三十萬美元，業者對增加電力的生產力很有興趣。利用一些簡單的修正，譬如像冰箱及冷凍櫃的自動門，會改進生產力。在冷藏及冷凍櫃之牆上及天花板上加裝額外的隔離設施，能使其所耗用的電力更有生產力。這家公司藉著衡量維持每一磅的冷凍物品所需耗用的能源，得以設定改進的目標，並判斷這種做法能否節省能源。

　　另外運輸業亦是需耗用大量能源的產業。卡車業及航空業都非常在意能源成本，這在 1970 年代石油危機時可明顯看到。這二種行業不斷地在衡量其運送某磅數的貨物或人數所需耗用的能源是多少。不論是卡車業或航空業，若能在所能源耗用上多獲得 10%的生產力效益，就可獲得鉅幅的利潤。衡量能源投入因素的生產力，能夠讓這些行業明白是否需要更新設備、引擎是否需要做調整，或是否需要訓練監工／指導員引擎維修上的實務。

　　利用說明文件來對能源進行衡量是相當容易的事。通常，不管是能源供應公司或企業中的採購部門都能很精確並很快告訴你這些能源投入因素被用來做了什麼事。在某些情況下，我們能將能源直接視為產品或服務的生產投入因素。但是，卻不太容易把電力或天然瓦斯

的帳單歸屬至特定的機器或生產步驟。如果說設置個別儀表對生產力所造成的潛在效益能大於設置儀表的成本，那麼或許可算是一種解決之道。

　　材料成本（Material Costs）：很多公司在製造、生產的過程中會消耗掉大量的原料。藉著衡量生產過程中的材料投入，便可以明白何時會發生生產力改變或何時改變材料處理過程會導致生產力增加。「材料」一詞，可代表很多不同的東西。在麵包店裡，材料就是麵粉、糖，以及酵母片。在書本印刷公司中，其材料是紙張及墨水。在乾洗店裡，其材料就是清潔液。在洗衣服務公司，其材料就是肥皂、漂白劑及柔軟精。

　　如果一家公司能在相同的材料投入下，生產或提供更多符合品質的商品或服務，變代表著生產力的增加。以乾洗店為例，如果有新舊兩種清潔液，其成本相同，而新清潔液比現在使用的清潔液多洗二件衣服，便是代表新的清潔液之生產力提高了。如果有一種強力酵母粉可發酵五十個麵包，而原先使用的酵母粉只能發酵三十五個麵包，又若其成本的增加不會大於其所帶來的產量增加，則新酵母的生產力亦提升了。

　　材料投入並不只不限於原物料，也可能是用以生產公司最終產品之中間性製成品。譬如，製作電腦主機板時，需要將微處理晶片裝置在其上。在目前的組裝過程中，把微晶片焊接至主機板上時，每一百個微處理晶片，會有三個毀損掉。如果能夠找到一種方法，把主機板上組裝時毀損的晶片數目減至每一百個之中只有零或一

個，則其生產力就會上升。生產力衡量制度，特別是投入面的衡量，能夠告訴我們還有哪些生產力有待提升，以及是否有實現此生產力效益的辦法。

　　服務投入（Service Inputs）。服務投入是指那些生產產品或提供服務過程中所需的間接資源。在先前的甜甜圈一例中，其服務投入包括廣告、債務保險及公關。這些都是經營甜甜圈業務時的重要組成，卻無法透過分析生產或銷售過程而加以辨認出。然而，它們不但代表成本，也代表衡量及成本節省的潛在目標。在大公司中，可能會有很多此類的服務投入，譬如像人事單位、法律部門、自助餐廳、娛樂休閒服務中心，以及甚至高階管理部門所提供的服務。這些都必須一一找出加以辨認並列入衡量計畫。

確認投入衡量時應遵行的方針

　　投入衡量，可以衡量原始投入——任何最初步的生產過程所使用的資源，也可以衡量中間性投入。所謂的中間性投入，是下一個過程中所需耗用的投入及前一個過程所提供的成果。讀者應該記得本書先前提到的洗車業之例子。在該洗車公司中，洗好的車是「洗車」部門的產出，並且提供作為下一個「上蠟」部門的材料投入。如果移轉到上蠟部門的這些車子未洗乾淨、在清洗過程

中受損或在移轉至部門時又弄髒了，則打臘部門將會收到較差的投入，而影響到其生產力。有時候，中間性投入的衡量會牽扯出前一個過程之問題（譬如像：沒洗乾淨），有時候，則會指出中間性投入（譬如像：洗過的車）之處置或儲放之問題，這些皆可促使生產力改進。

控制投入因素的取得、儲存、處理及領用等程序，同樣可以獲得生產力效益。關於這個觀念，有一個值得注意的例子：「及時存貨制度」（just-In-time inventory）（有時候稱之為「零存貨制度」）。傳統上，製造商都會維持大量供生產用的材料存貨，就像一位家庭主婦囤積整房間的罐頭食品或烘焙食物。現在的「及時存貨制度」利用電腦計算並安排生產流程，以及訂購生產時所「及時」需要的原料，如此一來，可降低儲存成本、損壞風險、存貨成本，以及防護成本等。這種直接導自確認及衡量投入的觀念，已經產生很大的生產力效益。

選擇衡量所需的投入並列入生產力指標中是件重要的事。比較上而言，確認衡量所需的產出，比確認投入來得容易；產出只有幾種，而這幾種對客戶十分重要的產出很容易看得出來。相反地，完成一項產出，可能需要數十種的投入。例如，如果我們想要提升甜甜圈店的生產力，那麼我們該選擇哪項投入做為衡量的標的呢？是烘焙人員嗎？櫃檯收銀人員嗎？能源嗎？間接的服務？還是材料呢？當然，答案是應該選擇對生產過程最重要的幾種投入，以及對生產力改進最有幫助的投入。

例如，在麵包店一例中，可能會認為烘焙用的粉末

是一項投入，然而於烘焙用的粉末相當地便宜，很容易買到，用量也不多，因此對生產力改進沒有多大用處。即使對此投入做重大修正或甚至不予使用，也只能看到一點點生產力效益。相反地，如果能將烘焙時間減少為原來的一半，則可節省相當多的能源（一項主要的成本要素）。

這裡所說的重點，是要經理人、調查人員及評估人員費心選出對生產力有重大潛在影響之幾種重要投入。最後，本書提出一些方針，期能協助讀者確認投入衡量。

不要把人事成本當成唯一的投入衡量

根據過去的經驗，很多公司只知道人事方面的生產力改進。當被問到生產力指標是什麼時，很多人都認為人力或人事成本是唯一的投入衡量標的。在企業公司中，特別是那些正朝向運用科技的事業，其生產力效益是由資本、材料及人事共同作用而成。唯有人力密集的企業才該把人事成本視為生產力制度下首要的投入衡量。即使是這樣，若能再考慮到其他方面的投入成本，總是比較明智的。

人事成本常被視為投入衡量，是因為這種成本很容易歸屬至成品或服務，而且通常也是最容易拿來當做生產力下降的一種藉口。材料、能源及資金成本一般皆在高階管理者的控制之下。當生產力下降時，指責公司中低階層的人比指責高階管理者來得容易。

首先，衡量可直接歸屬至生產產品或提供服務之過程的投入

最有用的投入衡量是衡量可以很容易並明確歸屬至某項製成品的投入。如果甜甜圈的品質及數量會耗用到人事時間、材料及能源，則這三種要素都可包含於生產力衡量制度中。如果轉接電話的數量及品質，會消耗大部分的資金及材料，則這些要素都應是生產力衡量制度中的投入面。

當生產力指標包括了所有的投入要素，就稱為「全面生產力衡量」。當生產力指標少於上列五項投入，則稱為「部分生產力衡量」。對於開始著手於生產力衡量的人，可從部分生產力衡量開始進行。例如，在法律部門完成一份報告的過程中，由於降低文字處理成本可獲得可觀的生產力效益，因此只衡量文字處理成本可能非常有用。請記得，即使衡量本身並非十分精確，但有生產力衡量總比沒有生產力衡量好。若想要造就完美的制度，結果可能什麼都做不好。

可能的話盡量利用垂手可得的資料進行投入衡量

如果你很容易取得有關人事成本／時間、材料及能源成本或資本支出的資料，則先使用這些現有的資料。請記住，生產力衡量也要花時間及資源。盡量減少這些衡量所需的成本，才能提高衡量及追蹤生產力所產生的

效力。當你越來越熟練生產力衡量時，你將很快發現到必須取得任何新過程的資料，才有辦法進行生產力衡量。在此之前，你應試著利用身旁現成的資料為之。這使得高階管理者及其他調查發起者願意進行生產力衡量。問問你自己能否使用現成的資料。通常資料已經蒐集好，但沒有人真正明白如何使用這些資料協助建立一個有效果及有效率的公司。

盡量使開始時的投入衡量簡單化

如果時間及資源有限，沒辦法對所有已確認出來的投入進行衡量，那麼就從簡單的投入衡量開始，從一項你確定與產出的生產力有關的投入著手，追蹤該項投入。如果能證明這過程是有用的，才會有人支持。若能投入更多的時間及資源，就能建立較複雜的投入衡量制度。這個方針認為開始時採用部分生產力衡量制度可能是最可行的方式。

確認對生產力影響最大的投入

如同先前所看到的，有些投入對產出的品質或數量負有較重的責任。譬如像在製作甜甜圈時，比起烘焙粉，能源是比較主要的生產要素。然而，如果沒有辦法控制主要的投入，則此種衡量亦無多大的意義。例如，一座原子反應爐需要一定數量的放射性原料才能順利運轉，

然而這些放射性原料卻受到聯邦機構高度嚴格管制。管理階層沒什麼能力改變此種情勢；基本上它是一項「既定的事情」，因而如果能把重點放在別處，生產力衡量可能更有用處。

衡量投入

　　如同衡量產出時的情形，衡量投入的方法也有很多種。在下段中，將列示並簡短地討論一些較常使用的方法。

1.分析文件及記錄

　　一般的企業都有很多像表格、影本等的文件，提供資原耗用記錄。例如，公共事業所出具的帳單即記錄了某企業在能源成本方面用了多少錢；薪資帳冊記錄了公司在薪資方面用了多少錢；貼在影印機旁的使用記錄表或一般常在文具用品櫃內見到的領用記錄表，也是容易取得之投入衡量的資料來源。

　　這些記錄通常很容易取得，同時也相當準確。調查人員及其他想要藉著評估這些資料來導出投入的人們，必須設計彙總及分析的表格，但通常這是屬於工具方面的問題。

2.直接的觀察及檢查

很多製造業的工作人員，常定期（以隨機或系統選樣）地選擇一些重要的原料做為樣本，進行各方面的分析及衡量。例如，一家螺絲釘製造商可能會定期地選出一些生鐵螺絲釘存貨樣本，測試評估及驗證其強度、彈性等等。馬路建造工人們會拿工地的水泥塊，進行一連串的測試，判斷其密度及成份，以確定其是否符合嚴密的品質標準。

書刊發行商也以類似的方法，核閱作家所提供的手稿，看看是否遵守制式的原則、是否沒有打字上的錯誤、是否使用可接受的圖形等等。像這樣的衡量，可以指出現有的投入是否適合生產過程使用、是否能夠藉由向供應商要求較高的品質，以實現生產力效益。

3.分析預算與成本：計畫報告

預算及類似的報告所提供關於實際資源支出之資料，比起支出記錄，雖較不精確。但是，此類的報告，往往較容易取得，取得成本也較低，且實際上也是應該加以考慮在內。企業所編製完成的預算報告，實際上反映出非常準確的支出面貌。有些情況下，譬如對準確性的要求並不是很高時，且調查人員或經理人員必須很快對資源分配情形進行概估時，預算報告就顯得特別有用。

4.自行填製的報告、時間記錄表及日誌

通常,人事投入成本係根據時間報告表或其他類似的方式彙總而得。例如,一位經常在外面跑的銷售人員保有一份記錄哩程數及銷售的資料;律師利用時間記錄表記錄其花在特定客戶之電話或其他工作上的時間;顧問諮詢服務人員填寫外出及與客戶約定之時間記錄表。這些時間記錄表及日誌很容易取得,是很多人事投入的資料來源。當企業未設有此類記錄表時,公司員工就沒必要記錄其工作時間的分配情形。簡言之,時間記錄表及日誌是有用且適當的資料來源。

5.訪談及調查

公司可藉由訪談及調查,收集其他的意見及估計資源之耗用,或者要求參與者或相關人員回憶及重建資源耗用的資料。不管是那種情形下,這些調查方法對於回復原來無法取得之資訊十分有用。當然,使用這些方法會有個問題存在,就是準確性的問題,因為員工們可法無法很正確地記住此類的資料,或者可能為了某些原因(或甚至無意中)更改其所想起的事物及意見。例如,保全人員都知道其每小時所做的巡邏任務,對維護公司資產而言,是非常重要的,為了避免遭受處罰或苛責,可能會不實記錄其執行巡邏任務的時間。雖然如此,當有匿名者指出其不良企圖時,調查方法仍是一種衡量資

源耗用的有用方法。

6.自動計量及衡量

很多機器及電子工具已經具有自動計量的裝置在內，如果沒有的話，也可以很容易加裝此類裝置。例如我們這個部門的影印機就裝有一種計數器，可以計算影印的次數，同時也可記錄每一位經授權人員所影印的份數及日期。使用自動轉接系統的電話行銷公司，採用一種外型小但很有用的電腦，可以列印一些關於何時有電話進來或何時接到電話、電話時間的長短、頻率等非常複雜的報告出來。茲以較簡單、較低科技的例子來說明，讓我們以建築物中的水錶或瓦斯錶為例。這類裝置都可以衡量及保存關於資源使用的記錄，且通常都很容易取得。

7.人為的調查及其他謹慎的衡量

有一次，我們必須評估受訓人員在訓練課程中對各種教材的依賴及利用的程度。有一段時間，我們根據對受訓者本身所做的調查報告來做評估。在這份調查報告上，我們請受訓人員在這份調查報告上回答是否有用到實際上已三年未發出去的講義。我們發現到他們說他們有用到這些講義。於是，我們知道用這個方法不太可能收集到可靠的資料。大約在同一時間，有位參與訓練的

同仁因遺失一張飛機票，為了找那張機票，翻遍了教室外面的垃圾筒，然後發現到一大堆受訓人員的講義在裡面。因此，定期對垃圾筒內的東西進行分析，可提供我們關於受訓人員實際上還保留著哪些教材資料。

由於很多具體有形的資源及工具常會留下使用的軌跡，因此，分析其磨損情形或其他使用痕跡，可提供一項準確之資源耗用的衡量。消耗性器材零件之維修或置換次數、垃圾的數量（譬如像被丟棄在垃圾筒內的講義），或其他的痕跡，常常都可用來進行客觀且直接的衡量。

簡言之，調查人員及其他想要衡量投入的人，有很多方法可供選擇。不管要衡量些什麼，其所採用的方法基本上取決於是否可以花最少的成本而產生最有用的資料，且具有最高度的準確性。

投入的釋例說明

在第 4 章中，介紹了很多種工作的產出衡量。在這裡我們利用該張表的產出，列出一些與那些工作產出有關的投入衡量：

個人績效

$$倉庫管理員 = \frac{儲存在倉庫中且完好的存貨磅數}{處理員的工作小時 + 使用堆高機的小時數}$$

$$銷售人員 = \frac{新開戶並繼續往來之客戶}{銷售人員的薪資差旅費}$$

$$秘書 = \frac{正確完成打字的信件數目}{秘書工作時數 + 每天之文字處理機成本}$$

$$發貨員 = \frac{及時發貨至正確地址的貨物磅數}{運費 + 工作人員之小時數}$$

$$資料處理經理 = \frac{及時且精確的報告份數}{完成報告所使用的電腦成本}$$

$$牧師 = \frac{受其感化之醫院到訪者人數}{牧師的薪水}$$

$$教授 = \frac{令學生感到滿意的授課小時數}{薪資成本 + 教室成本}$$

機器生產績效

$$研磨機 = \frac{每日研磨出的不同耐度的單位數}{每日的機器成本 + 操作所需的電力成本}$$

$$影印機 = \frac{每個月完成的符合品質要求的影印份數}{每個月的影印機成本}$$

$$鼓風爐 = \frac{生產完成的熔化的黃金磅數}{材料成本 + 能源成本}$$

部門績效

$$人事部門 = \frac{存留下來的應徵人數}{廣告成本}$$

$$會計部門 = \frac{及時且精確地完成報告數目}{主計長的工作時間 + 電腦成本}$$

$$玉米片製造部門 = \frac{可銷售的玉米片產品磅數}{原料成本 + 人力成本 + 製造過程處理成本}$$

組織整體績效

$$運動用品零售業 = \frac{銷售金額（隨物價水準調整）}{生產成本 + 銷售活動成本}$$

$$一時救助機構 = \frac{為受到抱怨的服務時數}{服務計畫的成本}$$

$$健康俱樂部 = \frac{增加的會員或減少的會員數目}{行銷活動的成本}$$

以上只是一些各種組織內與產出相關的投入衡量釋例。我們也可使用其他的投入衡量，對於改進生產力也很有幫助。

摘要

　　在本章中，定義了生產力衡量過程中的投入，將投入分成五大類：人事成本、資金成本、能源成本、材料成本及服務成本。同時說明了如何從眾多投入中選擇應加以衡量的項目，並介紹了幾種衡量方式。

　　我們也認為生產力衡量可採用部分衡量及全面衡量二種為之。若產出之生產過程包含所有的投入因素，就稱為全面衡量，若產出之生產過程所包含的投入因素少於五項，則只是一種部分衡量。最後，本章列示了幾種投入的釋例。

6
生產力衡量形式的範例

　　在本章中，我們將介紹並探討很多種生產力衡量形式，其目的是爲了使讀者能熟悉多種生產力衡量形式及結構。爲了不讓本章內文太過冗長，在此只介紹及討論幾種相當主要且典型的衡量形式。每一種主要生產力衡量形式都可以衍生出十多種不同的形式。

　　本章一開始時，介紹最簡單的衡量形式，接著再進階到較複雜的多屬性的衡量形式。在每一種衡量形式之後，我們都會做一些敘述性的討論，指出其結構上的重點、與其他衡量形式的相異之處及差異所在，以及用於生產力衡量指標時的優缺點。

　　讀者不應該把本章當成是「一覽表」，而可以順利地使用現成的衡量方式。我們在這裡所介紹的衡量方式，並不像表面上那樣容易使用。對某些情形而言，最有用的衡量應是結合二種以上在此提及的形式。實務上

的生產力衡量，往往需要相當的創造力，並針對不同的應用案例加以重新組合不同的衡量形式以符合個別的特殊需求。

　　為求簡單及明確，本章所介紹的衡量皆使用同一個例子：一家大型製藥及銷售公司的臨床實驗單位。這個單位的任務是從世界各地的內科醫師之處，蒐集重要的試用資訊，並將蒐集的資訊編成報告，供公司內的經理們、內部的管理單位，同時也提供給幾個固定的代理機構使用。個別報告中的詳細內容與衡量本身並非十分相關，因此在文中不再詳細說明。在後續的例子裡，只要讀者可以假定報告的內容精確且具及時性，並可在很多不同的情境下（如獲得銷售的許可證、改變行銷策略等等）被得到該臨床實驗報告單位的客戶有效地使用。

　　首先介紹及討論的衡量，是針對產出的衡量。根據第 2 章對生產力衡量的定義來看，此種衡量並不是真正的生產力衡量。這些產出面的衡量只是為我們提供一個有用的出發點，使我們得以確認接下來的真正生產力形式之重大優缺點。

各種產出衡量

　　以下的衡量僅介紹最簡單的產出資訊。

每個月完成的報告份數

月份	數量
9 月	60
10 月	66
11 月	60
12 月	54

　　這個衡量所提供的完全是數量方面的資料，並未提供任何品質方面的資訊（實用性、準確性、及時性等訊息）。因此，這種衡量只能提供非常有限之關於單位生產在數量方面的訊息。由於常態下的生產量可能會正常地波動，因此這種衡量方式，無法協助我們評估該單位的工作成效（譬如像：進度超前或落後）。而且在這個衡量方式中，並未考慮任何投入面的因素，所以當然不適合用來當做生產力的指標。

　　這個衡量所顯示出的，是該單位能夠衡量本身的生產狀況，當然，這是進行生產力衡量的先決條件。這個衡量告訴我們一件事；該單位已經對「報告」下了定義，並採取一些方法按月計算其生產量。

　　請看看下一種變化：

單位報告生產狀況

月份	數量	變化百分比%	達成每月預計目標百分比%
9 月	60	-	100%
10 月	66	+10%	90%
11 月	60	-9%	100%

這個衡量雖然還不是一種生產力指標，但卻可提供較多的訊息。首先，它藉著計算這個月與上個月的變化百分比，反映出月份之間的趨勢。藉由趨勢指標可以反映出實際生產量達成預期生產量的程度。因此，我們可看到，對 10 月而言，雖然生產力上升了（表面上看起來是一項正面的指示），但實際上的表現卻未如預期的好，因為一開始對 10 月設定的預期生產量比 73 份報告稍微多一些。而 66 份報告只達到該月預期生產量之 90% 而已。

雖然此種衡量無法提供任何指標以顯示報告的品質，但卻也提供一些關於單位績效的品質資訊，從這個衡量中，我們可看出各單位達成預期生產目標之程度。但是，明瞭如何將基本的品質指標納入單位績效衡量指標中，是更重要的事。關於報告的品質，定義成「適合使用所需」，可以根據客戶需求及期望之標準或門檻，設定一些品質的衡量規則，並藉此評估報告是否符合品質。例如，假設銷售及行銷單位將臨床實驗資料有系統地整理成小冊子以供內科醫生使用。顯然，這個單位（是報告單位的一位客戶）需要一份以明確而易於明瞭之形式來表達的資料。因此，報告品質的衡量最少要評估其準確性及明確性。然而，這個衡量範例並未做到任何品質標準之評估。我們只看到負責出具報告的單位是否達成可能是任意設定甚且毫無相關的預期的生產量，而無法明瞭其是否滿足客戶需求及期望。

這個衡量範例同樣未考慮到耗用資源的評估，因此，並不是真正的生產力衡量，它只衡量產出的數量。

像上述的單位績效衡量，儘管有先前討論到的缺點，但仍然可以善加利用。當然，對各單位的經理而言，設立各單位的目標並適時回饋那些達到目標的單位，是件很重要的事情。但如果設立單位目標時，能正確地考慮到客戶的需求，則此份關於目標達成情形的報告就可說是一項成功的指標。同樣地，如果生產衡量只反映出達到品質標準的情形（譬如只計算完整且精確之報告），則這樣的衡量比上面所介紹的衡量看起來會更好。如同所看到的，想要進步並創造單位生產力衡量，必需先定義、評估及報告單位生產狀況。顯然，若單位經理無法定義及評估他們最重視的單位產出，則在一開始衡量單位生產力時就會遭遇到困難。而如果一個單位對於產出的定義有誤，甚至與大眾的認知互相違背，那麼在生產力衡量上還是會發生重大的問題。

產出品質的衡量

我們可以很容易地重新設計產出衡量，使之能夠反映產出的品質。如此一來就可以避免前段所提及關於只衡量產出數量的缺點。

請看下列衡量：

$$\frac{\text{成功地完成的報告份數}}{\text{已完成的報告份數}}$$

這個簡單的比率衡量表達出在已完成的所有報告中，被認為「成功」的報告佔所有報告之比率，因此包含了品質面的衡量。這個比例越接近 1.00，意謂著該單位在報告書寫方面的績效品質越好。在這裡首先要提到的重點是：在進行品質衡量之前，必須先進行一些其他的衡量。也就是說，必須先考慮到所有已完成的報告，然後再根據一些品質標準評估哪些報告是「成功」。例如，可以利用下列示範的檢查表，交給收到報告的客戶填寫，以評估每一份報告的品質：

1. 您是否及時收到報告？
   （　）是　　　（　）不是
2. 這份報告是否沒有錯誤？
   （　）是　　　（　）不是
3. 這份報告是否具可了解性？
   （　）是　　　（　）不是
4. 這份報告是否包含了您所需要的資訊？
   （　）是　　　（　）不是

唯有得到答案全部都是「是」的報告，才是「成功的」報告。

另外，還應該注意到，這個比率衡量雖然表達出品質面的相關訊息，而不是數量面的訊息。如果這個單位完成了 100 份報告，而所有的報告皆符合可接受的品質標準（也就是「成功的」），其比率評分就是 1.00。

$$\frac{100份成功的報告}{100份完成的報告}$$

同樣地，假設只完成一份報告，而該報告又是成功的，則其評分同樣也是 1.00。這個比率衡量無法說明在衡量期間內完成的報告數目表示好或不好的單位績效。也就是說，這個衡量無法反映出該單位生產的報告份數是否達到可接受的水準，或者其生產量應該較少或較多。針對這個問題，可加上像本段先前所介紹的數量衡量，即可加以克服。

　　或者，可修改這個衡量的比率方程式，使其包括目標達成因素在內，就像下面所的例子：

$$\frac{成功的報告份數}{完成的報告數目+\left(單位目標報告數目-完成的報告數目\right)}$$

假設，如果該單位的目標是完成 200 份報告，但是實際上只完成了 100 份報告且這 100 份報告都是成功的，則：

$$\frac{100份成功的報告}{100份報告+\left(目標200份-100份\right)}$$

　　或

$$\frac{100}{100+\left(200-100\right)}=0.50$$

在這個例子中，在括弧中會藉由一個任意指定但卻具有一致性的數目來降低整體的績效指數，以反映出其未能達成單位目標的事實。像這種混合式的衡量會遇到一個問題，就是無法顯示出當無法達成品質目標或數量目標時，對單位績效的影響程度如何。假設品質及數量同等的重要，則這個問題就無所謂了。但是，如果品質比數量重要時，則很難建立一種可反映出此不同價值之衡量；在這種情形下，最好能採用二種個別的衡量---一種用來衡量品質，而另一種用來衡量數量及目標達成情形。

最後，本書要提的是，這種以比率表示的品質衡量並未考慮到任何的投入因素，因此不是真正的生產力衡量。雖然如此，它仍是一種十分有用的品質指數。

真正的生產力比率

將前段所介紹的品質比率修改成一種能夠反映出實質生產力的比率，並不是件難事。

$$\frac{\text{成功地完成的報告份數}}{\text{所有報告的數目} \times \text{每份報告的平均成本}}$$

在簡單的品質比率衡量中加入了成本因子，因此，這個衡量現在可以反映出生產力了。假設這個單位每個月生

產相同數目的報告，並維持相同的品質水準，則當每份成功的報告所需的成本減少時，根據這個衡量所顯示的，這個單位會有生產力效益。或者，當成本維持不變或甚至是稍微增加時，如果能在品質方面有長足的進步（在所有完成的報告中，成功的報告數目大幅增加），則亦會得到生產力效益。換句話，這個衡量對於因成本改變或品質改變所造成之生產力改變很敏感（在這個衡量中的成本因子，因為其所反映的是幣值，因此必須定期地依物價指數調整，否則會使生產力評估產生偏差）。

　　每份報告的平均成本可以是基於詳盡成本追蹤而得到之準確數字，也可以是一種約略的情報性估計。這種約略的估計，如同第 5 章中所討論到的（投入衡量），只要能一致地應用，都可以產生效用。

　　就像我們所看到的，這個比率對於每單位成本能完成的成功的報告數目，提供了一項估計。例如：

$$\frac{10份成功的報告}{20份完成的報告 \times 平均每份報告所需的成本\$200}$$

或

$$\frac{10}{\$4,000} = \frac{1}{\$400}$$

亦即，「每 100 元可產生 0.25 份成功的報告」。或者，我們可以轉換成反映每份成功的報告所需成本的形式：「每份成功報告的成本＝ $400」。

這個衡量將全部成本因素列入考慮，然而，我們常常使用到的是部分衡量。例如：

$$\frac{成功的報告份數}{已完成的報告數目 \times 每份報告所需之平均祕書小時}$$

這個生產力比率與先前所介紹的衡量具有相同的形式，不同的是，這個生產力比率只把祕書時間視爲投入因子。當祕書時間是主要而且是最具影響力的投入（也就是說，先前的調查顯示似乎花了太多祕書時間，而能藉著使用新設備減少之），則這個衡量必定很有用。像這樣的比率，可以將任何具利害關係的投入因子皆包含在內。此外，也可採用數種比率，而每一種皆使用不同的投入因子。衡量有很多不同的選擇，唯一的限制是必須符合情況所需及必須具有創造性。

修改因子

　　請看以下的衡量，這個衡量是.修改自前述的衡量：

$$\frac{成功的報告數目}{所有的報告數目 \times 每份報告平均原始成本 +\\ 修改的報告數目 \times 每份修改過的報告的修改成本}$$

這個衡量中的投入因子（分母）分成二大項。第一項是

原始成本；代表完成每份初步的報告所發生的全部成本。第二項則是修改成本，包括任何需要更正的報告所需的修改成本。修改成本代表初步報告未能達到品質要求所需要的支出；它是將有瑕疵的報告轉變成「成功的」報告所必需花費的成本。

這個衡量的優點在於它強調重要的品質特性，並明確說明一個事實：「瑕疵是有代價的」。就像這個衡量所顯示的，花了錢生產出有瑕疵的報告，然後又要再花錢把這些有瑕疵的報告，修改成完美的報告。

請注意，這個衡量以數種方式反映出生產力效益及損失。下列情形顯示出得到了生產力效益：

1.　成功的報告佔整體報告的大部分；
2.　最初完成時之可接受報告的比例增加；
3.　生產初步報告的成本減少；
4.　修改有瑕疵報告的成本減少；
5.　上列各項改變所形成的組合。

由於此衡量反映出個別生產力要素，因此，經理可藉此來追蹤及評估各種改進生產力之努力的成果。例如，經理可能會試著利用提升報告的準確性，而減少需要修改的報告數目，或者維持原版報告的成功水準並試著降低完成原版報告所需的成本。然而，他也可能會接受大量瑕疵的報告數目而仍能達成整體生產力效益。如果修改成本很明顯地低於原始生產成本，則花在生產較草率且

不正確的報告之成本可能較具生產力。

　　雖然那些考慮到修改因素的衡量所提供的資訊，比單一投入因素衡量所能提供的資訊更為詳細，但還是有其缺點。同樣的，我們要提醒讀者，任何的生產力衡量，都必須將其情況儘可能地將複雜的現象轉化為基本、簡單卻又具體的形式。例如：假設該報告單位的經理根據衡量所得的資訊，認為該單位可以忍受在最初撰寫時產生大量的瑕疵報告而仍能達到改進整體生產力的目標。亦即，此經理認為事後的修改成本，比一開始時就做到十分完美的程度所需的成本便宜得多。到目前為止，一切都還不錯；這個衡量指出該經理之經濟觀念。然而，這樣做雖會導致生產力改進，採取這種策略仍可能是一種不智之舉，因為可能還會有一大堆其他因採取此策略而衍生出來的成本，而在這個衡量中卻無法反映出來。譬如，原版報告的撰寫者可能會因而士氣低落，致工作態度馬虎，並因此影響到他在其他方面的工作生產力；或者，由於品質評估程序不夠嚴密，可能會有瑕疵的報告因而不小心流傳出去的風險。如果這個風險很大，並可能導致嚴重的後果，則只為眼前的生產力效果而採取此種策略，其後果可能得不償失。

　　此處介紹的生產力衡量形式都僅能提供有用但不完整的資訊。生產力衡量的資料雖然都很有用，但不能也不應該取代管理階層的判斷。各個單位的經理必須充分明瞭政治、社會、心理及經濟等方面之背景，方能做成真正完整之生產力改進決策。

多重因素衡量

接著將介紹的衡量，比先前介紹之例子更為複雜。由於多重因素衡量係以二度空間之形式表示，因此又被稱為「矩陣式」（Matrix）衡量。這些衡量模式，把產出要素（也就是分子部分）區分成數個層次，並結合評分制度，利用數字來評估產出品質。

圖 6.1 中，橫軸代表每份報告之及時性，縱軸則代表該單位所生產之四種不同形式的報告（主要的查核報告，檢查報告，告知同意的報告，以及簡單的例行檢查報告）個別的及時性分數。

摘要表

得分	加權因子	評分
	4	
	3	
	2	
	1	

總指數 ＝

完成報告的平均時間

報告的種類	延遲 超過20%	延遲 15~20%	延遲 11~15%	延遲 6~10%	延遲 1~5%	恰好及時	提前 1~5%	提前 6~10%	提前 11~15%	提前 16~20%	提前 超過20%
1. 主要的查核報告	0	1	2	3	4	5	6	7	8	9	10
2. 檢查報告	0	1	2	3	4	5	6	7	8	9	10
3. 告知同意報告	0	1	2	3	4	5	6	7	8	9	10
4. 簡單例行檢查報告	0	1	2	3	4	5	6	7	8	9	10

（及時性）

圖 6.1　月報表的平均及時性指數

每一種報告皆被指定一個「加權」因子。譬如，在這個衡量中，「主要的查核報告」的加權因子為「4」；「檢查報告」因被認為較不重要，故給予「3」之加權因子，以此類推。在這個衡量的模式中應用到加權的觀念是要使人明瞭：在同一個單位裡，不同的產出（在這個例子裡指的是不同的報告）有著不同程度的重要性。重要性的程度可以根據客戶的角度、完成報告的困難度、報告本身需要的資源數量多寡或其他因素之組合而定。這個衡量也使用一種評估報告能否及時完成之評分方式---報告完成的時間比預計的早或晚。這種分數是按月就每一種報告計算而得的平均數。如圖 6.2 所示（每一種報告之分數，皆以 0 至 10 點表示，並用圓圈加以圈起來），本月「主要的查核報告」，有 11%~15%比預定的時間提早完成，因此本月在及時性評分上得到「8」分。反之「檢查」報告由於平均有 1%~5%比預定完成之時間晚，因此得到「4」分；剩下來的兩種報告的分數都是「5」分，因為它們完成的時間與預定的時間相同。然後再把每一種報告之得分填列於該衡量表格的右手邊「得分欄」之格子裡。接著，將這些得分乘以「加權」因子，就產生每一種報告之評分。然後加總這些評分，就形成每個單位每月的及時性指標。再來，就像圖 6.3 所顯示的，可將每個月的及時性指標繪製成圖。這個圖形顯示該單位每個月之報告的及時性，除了 7 月減少以外，其餘皆呈上升的趨勢；7 月以後，在及時性上有長足的增加，8 月一直到 12 月則皆呈略減但平穩的趨勢。這個圖表說明了單

完成報告的平均時間

報告的種類	延遲					恰好及時	提前				
	超過 20%	15~ 20%	11~ 15%	6~ 10%	1~ 5%	及時	1~ 5%	6~ 10%	11~ 15%	16~ 20%	超過 20%
1. 主要的查核報告	0	1	2	3	4	5	6	7	(8)	9	10
2. 檢查報告	0	1	2	3	(4)	5	6	7	8	9	10
3. 告知同意報告	0	1	2	3	4	(5)	6	7	8	9	10
4. 簡單例行檢查報告	0	1	2	3	4	(5)	6	7	8	9	10

及時性

摘要表

得分	加權因子	評分
8	4	32
4	3	12
5	2	10
5	1	5

總指數 = 59

圖 6.2　月報表的平均及時性指數

一指數在反映一般生產趨勢上如何有用。這種按月
計算的矩陣衡量形式更能仔細告訴我們每種報告對該月
績效的貢獻程度或者對該月績效的負面影響。

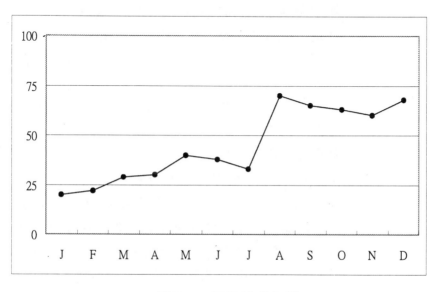

圖 6.3　月份績效指數

在使用這種衡量形式時必須注意到下列幾點：

1.　這種衡量未考慮到投入面，因此並不是一種生產
　　力衡量。另外，這個衡量所考慮到的品質因素多
　　少會受到限制，因為在此只考慮到及時性。

2. 加權因子是相對的，只代表一種主觀的判斷。使用者可從各種不同的觀點決定各種產出的加權，譬如：對客戶的重要性、產出的獲利性、生產過程的困難度、政治觀點、風險高低等。

3. 這種形式所產生的雖是單一數字指標，但仍可顯示出每種產出對該指數貢獻程度之資訊。

4. 在進行此種指數衡量前，必須先進行很多的衡量及規劃。例如，必須先設定每種產出的權數。接著，必須設立一種衡量程序，以評估每種報告符合及時性標準之程度。最常見的方式，就是根據花在客戶身上的時間多寡來決定權數。客戶最有判斷品質標準的能力。

5. 由於最後的指數係將原始分數乘以加權值計算而得的，因此，每一種指數都有數種可能的組合。譬如，具有高度加權值的報告，其及時性略減，其所產生之指數，可能與和加權值較小但在及時性上表現較好的報告所產生之指數相同。因此，很難解釋此矩陣指數所蘊含的意義。所以，保存該矩陣之組成原始資料很重要。

6. 這種矩陣的橫座標（報告的及時性）可以代表任何想要衡量的品質因素，譬如像準確性、內容之適切性、可讀性等等。

就像之前提到的，此種矩陣衡量並未考慮到任何投入因素，因此不算是一種真正的生產力衡量。但可將此

種衡量配合其他的生產力衡量，而呈現出各單位營運狀況及營運成果的完整面貌。或者，也可把此指數評分當成是分子，而把全部投入、部分投入或修改成本當成是分母，形成一個新指數。

圖 6.4 是另一種矩陣衡量。此種矩陣衡量可以反映出較完整的產出品質評估，因為只有被認為是「成功的」報告，才會被列入衡量中。換言之，這個衡量並不考核未能達到先前設立的單位部門品質標準之報告的及時性。

在完成此衡量格式之前，必須先進行很多其他衡量。首先，請注意到，這個衡量的目的是在顯示及時性（先前的例子亦是如此），因而在將結果記入矩陣之前，必須先衡量報告的及時性。同樣，由於只有「成功的」報告才列入矩陣衡量中，因此事前必須先對每份報告做一次品質的評估。

這個衡量範例同樣未考慮到任何投入因素，因此並不是真正的生產力衡量。但這種方法可記錄並反映產出品質與及時性，因此是一種非常有用的方法。像這種矩陣衡量可產生相當有有意義的指數，可將此指數做為下列分數之分子：

$$\frac{指數}{投入成本}$$

現在，這個比率可提供真正的生產力衡量了。而且，若

摘要表

報告的種類	成功	得分	加權因子	評分
1. 主要的查核報告	3	8	4	96
2. 檢查報告	4	4	3	48
3. 告知同意報告	2	5	2	20
4. 簡單例行檢查報告	3	5	1	15

總指數 = 179

完成報告的平均時間

	延遲					恰好及時	提前				
及時性	超過 20%	15~ 20%	11~ 15%	6~ 10%	1~ 5%	恰好及時	1~ 5%	6~ 10%	11~ 15%	16~ 20%	超過 20%
1. 主要的查核報告	0	1	2	3	4	5	6	7	⑧	9	10
2. 檢查報告	0	1	2	3	④	5	6	7	8	9	10
3. 告知同意報告	0	1	2	3	4	⑤	6	7	8	9	10
4. 簡單例行檢查報告	0	1	2	3	4	⑤	6	7	8	9	10

圖 6.4　月報表的平及時性指數

同時使用矩陣格式，更能提供有關各種報告在及時性上的變化如何影響整體生產力之資訊。當使用此種衡量時，若能配合其他類似的衡量，則此種矩陣衡量將是一種很有用的形式。

摘 要

生產力衡量是一種「彙總性」衡量。在進行這些衡量之前，須先對投入及產出做某些程度的衡量。即使是像下列那麼簡單的生產力比率，亦須先花相當的衡量功夫。

$$\frac{\text{成功的報告數目}}{\text{秘書人力的成本金額}}$$

為了得出此比率，首先須定義出哪些報告是成功的及哪些報告是不成功的，並設立判斷報告是否成功的精確方法。再者，上述的生產力比率還需要一些事前的衡量，使「祕書」人力與所有其他的投入有所分別。

在從事真正的生產力比率計算之前所進行的衡量，其本身亦十分有用。本章一開始討論到數種有關產出面之衡量範例，讓我們看到如何對這些衡量加以修改，使衡量的結果不僅反映數量面，同時也能反映出品質面。

像此種只考慮產出面之衡量，對於追蹤生產量的改進情形很有用，並能使我們注意到品質的改進情形。建立這樣的衡量是建立真正生產力比率的基礎。

生產力衡量比率有很多表達方式。最簡單的，就像前段所示範的例子中的比率，可用來反映產出的品質與資源耗用的關係。本章另外還介紹幾種經由簡單的比率轉變而得之衡量形式，這些形式可反映出修改成本（修正原始有瑕疵的產出）。當影響生產力的因素有很多種時，此種考慮到修改成本的衡量顯得特別有用。我們可以單獨使用此種考慮修改成本的衡量，也可以與其他生產力比率或只考慮產出面的衡量配合著使用。

本章最後介紹所謂的「矩陣式.」衡量，可以同時反映多種產出衡量。矩陣衡量與單純的產出－投入比率相較之下，顯得複雜多了，但它同樣也能提供更多的資訊。一般而言，矩陣式衡量與其他衡量的差異在於矩陣衡量藉著數字化的等級評估，將單位的績效轉換成標準分數。矩陣衡量的基本效用是提供整體單位生產力「分數」。此外，此種矩陣形式也提供整體指數計算的內容及細節，如此一來，我們可藉著分析這些資料，而得以追蹤各種產出之品質及數量之改變，並評估其改變對整體分數的影響。

本章所討論到的生產力衡量形式，必須配合其他組織績效資料使用；這些衡量沒有一種能夠單獨使用而仍能提供完整的資料供我們對單位生產力做好完整的評估判斷。我們建議最好能將數種衡量及形式配合使用。

7

單位生產力衡量的七個步驟

　　本章將介紹並討論建立單位衡量的七個步驟。每個步驟都有其個別且具體的產出，可供職員、衡量顧問或調查人員加以評估，以確信此步驟可以協助單位建立有效的衡量。這種按步就班的程序，能將衡量設計過程變成相當容易且較不困難的幾個步驟，並鼓勵相關人員參與其中。

　　首先用一張表列出這七個步驟，並對每個步驟的相關產出做一簡短的定義。然後，再利用範例說明等方式，更仔細地描述及討論每個步驟，並提出一些方針原則，供判斷某一步驟是否已全部完成，可以進行下一個步驟之開始。

　　本章將整體衡量設計過程劃分成七個步驟，是一項在某些程度上較為主觀做法。本書作者已看過的其他類似劃分過程中，少則二、三個步驟，多則有二十或更多

步驟；步驟本身的數目並不重要。有時候，衡量設計人員不需採用此種按步就班的程序，仍舊可以直接建立良好的衡量。

在與不同的小組共同工作的經驗中我們（在第 3 章所介紹，而在第 8 章中將再次提到的團體過程是不可或缺的）驗證了採用按步就班的過程所帶來的無窮效益。使用按步就班的方式簡化了原本龐大的工作量，就好像看著食譜進行烹調的過程，能使工作更有效地進行，並使評估工作朝向建立良好衡量之最終目標前進。最後，公司中的任何小組若僅僅完成最初的幾道步驟或甚至第一道步驟，即使沒有建立或使用衡量，也可能增進生產力。

概觀七個步驟

首先，簡短地為七個步驟定名並逐項加以定義，包括每一步驟的產品，以及伴隨而來的評估該步驟產品是否適當足夠的一般標準。

步驟 1：任務聲明（Mission Statement）。為各個單位做一份任務聲明，以確認該單位的主要目標及客戶。此任務聲明必須完整並能與更高層次（公司）目標相配合。

步驟 2：期望（Expectation）。確認出每位客戶對該

單位的產品及（或）服務的期望。期望必須要能清楚地定義並且是主要客戶群對於單位產品或服務的品質需求及期望。

步驟 3：關鍵性產出（Key Outputs）。確認出對該單位任務具有重要性、能符合客戶的需求及期望且耗用該單位大部分資源的產出。

步驟 4：主要的功能（Major Functions）。確認並描述該單位的主要功能。這些功能必須很明確地顯示出單位的作業狀況及投入，並能解釋如何製造關鍵性產出。

步驟 5：產出衡量的選擇（Output Measurement Selection）。對每種關鍵性產出建立能夠提供最實際且最有用的品質及生產力資訊之技巧、方法。

步驟 6：投入衡量的選擇（Input Measurement Selection）。為步驟 5 中所提及的產出在生產過程所需要的必備投入，建立衡量的技巧。

步驟 7：建立衡量指標（Index Construction）。建立能兼顧到產出及投入面的生產力衡量，使其成為敏感、實際且有用的衡量指標。

接下來將更仔細地敘述每個步驟及其標準，並介紹相關的原則方針及釋例，以期能協助讀者對這些步驟有一完整了解。

步驟1：任務聲明（Mission Statement）

　　首先，必須對單位目標、客戶及市場加以定義並列示，方能得知該單位存在的原因、服務對象以及該單位應該達成的目標。

　　在這裡介紹一些組織單位常見的代表性任務聲明：

　　銷售單位的任務是銷售一定數量的產品到世界各地、銷售符合顧客需求的產品組合予客戶，並獲取合理的利潤。

　　管理資訊單位的任務是為經理們提供實際可行的資訊制度及服務，以建立及維持有效率之單位營運。

　　研發部門的任務是研發符合東北部客戶之需求的清潔用品，且該產品上市後能為公司帶來利潤。

　　公司的訓練單位協助公司經理培育有效率的人力資源。

　　教育領導部門的任務是為全國及世界各地教育界的領導者提供發展機會、研究調查及服務，以提升教育品質。

製造部門的任務是生產最高品質及足夠數量的消防設備，以滿足世界各地之消防組織的需求。

讀者或許已注意到，上述的任務聲明皆有一個特色：簡短。每個聲明都只有一句話。簡短是很重要的，因為任務聲明的目的在於減少不確定性、抓住該單位的主要目標，協助各單位管理者及職員們將其注意力放在重要的單位目標上。

任務聲明的另一個特色是用結果而非過程表達出單位的目標。工作中的人們往往會看不到目標，而只注意到眼前的動作－步驟及程序，這是常見的現象（基於很多複雜及心理方面的原因）。例如，在一家郵購企業中，雇用電話行銷人員是為了服務顧客並提升營業額。這份行銷工作包含了許多動作，譬如像接聽客戶來電、填妥銷售訂單表格、保存退回貨品的明細資料等等。銷售人員很容易自然而然地將注意力擺在正確完成這些工作上面，並逐漸形成一種觀念，認為根據每項工作既有的規定來做每項工作就是正確完成工作。當這種觀念越來越深植人心後，完成工作的首要理由（滿足客戶的需求及達成營業額）反而不受人重視了。理所當然，這種現象將會導致生產力消失，因為人們將會因為注重完成工作所需耗用的資源，而不是利用最少的資源達成品質要求。因此，任務聲明應該強調的是結果，而不是達成結果之過程中的各項活動，藉此消除這些會降低生產力之形式上及心理上的阻力。

任務聲明之所以強調結果而非過程活動的第二個理由是為了求創新。若是任務聲明宣示每項工作該如何做，勢必無法接受不同的做法，因此會壓抑住那些可能會產生重大生產力提升之創造及發明。所以，在上述的例子中，對訓練單位提出的任務聲明是「協助經理們」，而不是陳述該單位必須舉辦研習會或課程等。同樣地，對於製造單位，提出的任務聲明是該單位應該完成什麼樣的產品（符合品質標準的產品），而不是陳述該單位如何操作並維持很多種機器設備的運轉。單位的任務不應該侷限在傳統的活動及程序。

　　正確的任務聲明應該明確指出某單位所服務的市場及客戶。請注意之前所提出的例子包括了這樣的字眼：「公司的經理們」、「世界各地的消防組織」、「在全國及世界各地之教育界的領導者」。在每個例子裡，都會利用客戶的種類、地理區域或其他特定區域界定出每個單位之市場。確認客戶及市場區隔可更進一步使我們明瞭每個單位存在的原因及希望達成的結果。

　　最後，雖然任務聲明應該注重主要的結果，但是，請不要將此主要的結果與短期間或特定過程之目標互相混淆。例如，請看以下的敘述：「銷售單位的任務是必須增加 15%之本土市場銷售額」。這個聲明可能代表年度或是較長期間的目標，但還是太狹隘、期間太短，不能做為任務聲明。任務聲明必須涵蓋該單位存在之整體目的，能夠明確地指出其重要的功能。像這樣，任務遂變成一種參考指標，人們可以根據各個單任之任務來測

試營運上的決策及目標（譬如像提升銷售額）是否與任務一致。當單位或公司組織內的成員不十分明瞭其所應達成之任務，則在工作執行上將無法與任務相配合，因而導致生產力下降。

最後，每個單位之任務聲明必須與較高層級的公司或組織任務相配合。因此，當完成單位之任務聲明後，必須再由較高階層之管理者過目並評估其與整體組織的協調性。

步驟２：期望（Expectations）

對觀賞者來說美感是最重要的；同樣地對顧客們來說品質是最重要的。在本書先前得章節中提到過，品質有一個十分實際的定義：「符合顧客使用所需。」也就是說，對品質的要求，必須反映出顧客對品質及特定產品或服務之性能要求。例如，某繩索公司的顧客需要一種在非常寒冷之情況下仍能保持彈性、在潮濕的環境裡也不會腐壞，而且至少能負荷 500 磅重物的繩索，則這家繩索製造商所訂定的品質標準必須包括彈性、堅固性及耐久力等性能。如果，這家繩製造公司忽略了客戶們的需求，則可能生產出品質很差的產品，無法滿足顧客的要求，因而導致產品賣不出去，或者可能生產出遠超過顧客所要求之品質標準的產品、因而導致產品訂價過

高，失去市場競爭力。

認識客戶、了解他們的需要、希望、價值觀與期望，才能提供讓顧客們感到滿意的產品。當然，要取得這樣的了解是沒辦法用憑空臆測的，必須經常與顧客們接觸、打交道才有辦法得知。因此，邁向有效的生產力衡量之第二個步驟，通常包括調查、訪問或其他可供明瞭客戶期望的方法。

客戶的需求與期望通常是一直在改變的。當新產品及新服務問市時，或者當客戶生活型態、環境與喜好改變時，其對產品品質之期望也跟著改變。早在 1940 年代，當水力煞車系統尚未問市之前的汽車消費者，與今日那些可能未曾駕駛過那種具有機械式煞車之汽車的人們，對汽車所抱持的期望有著很大的不同。即使是現在，當電腦輔助煞車系統經過改良，在使用上變得越來越方便時，顧客的期望也會跟著改變。可想而知，在公元 2000 年時，顧客對汽車煞車性能的要求必定會與 1990 年代時之期望大不相同。想要維持生產力及競爭力的汽車製造商必須明瞭那些品質標準，且持續地對客戶的期望及需要進行了解。

對服務業而言，維持對客戶需求之了解顯得特別重要，因為服務業所提供的產品不是有形的商品，而是客戶的滿意程度。如同先前本書所提到，且在下一章中將介紹的衡量範例裡，服務業的生產力衡量不僅只根據客戶的期望，往往還必須把衡量客戶滿意程度之結果列入生產力指數之中。

客戶的期望與需求應該盡可能的明確定義並且越詳細越好，因為缺乏詳細的了解將無法順利建立可衡量且精確的品質標準。此外，確認及了解客戶是件很重要的事。例如，明瞭醫學界需要電腦服務的客戶，以及其所使用的電腦記錄往往被採用在因不當醫療糾紛而舉辦之法律聽證會中，就是很重要的事。由於對這些客戶而言，準確性是非常重要的，因此他們對精確性的要求就極為殷切，而且有時候可能還會超越其他標準，譬如及時性等。唯有充分了解顧客的需求及期望，才能建立有助於達成客戶最大的滿足之相關標準。

步驟 3：關鍵性產出（Key outputs）

在大公司中，一般單位都會有很多產出。例如，訓練單位可能提供顧問諮詢服務、需求分析、舉辦研討會及研習會、訓練出席報告、訓練出席證書、外部顧問的參考、提供其他部門完成之訓練文件之核閱服務、訓練計畫進度表等。在這些眾多產出之中，只有極少數或者只有其中一種可能會被用在生產力衡量上。很多產出甚至可能無法加以衡量。茲以訓練證書為例。這些證書都是具體且容易衡量的產品。而且，毫無疑問地，這些證書的品質衡量及生產可能會產生一些生產力效益。但是，如果完成訓練證書所需的資源支出僅佔訓練單位很

小的百分比（譬如說，低於 0.02%），而且如果該訓練證書不受重視且對客戶不重要，花時間建立這些證書的生產力衡量，可能沒有多大的意義。反過來看，透過研習會增進經理們的管理技巧，則可能是該單位很有價值的一種產出，並且也可能會用到該單位大部分的資源。

在同一單位中，有些產出會遠比其他產出來得重要。然而，我們應注意到，重要性是相對的，而且只能根據任務與客戶需求來評估（因而強調出前二項步驟之重要性）。由於我們不可能花太多資源在產出之衡量上，而且花在衡量生產力上的資源，其本身並不會提升生產力，因此必須選擇性地把時間精力及資源分配到那些真正重要之少數產出的衡量上才有意義。常見的做法是根據「80-20 法則」：找尋那些須為單位的成功與否負起 80%以上之責任的產出。

選擇關鍵性產出的第一步是先找出該單位之所有產出，並列成一張表。這必須透過「腦力激盪」的方式方能完成，不管每一種產出對該單位任務的重要性或耗用資源的程度如何，都要詳實列出。然後，再考慮每一種產出（1）對單位任務的重要性；（2）對滿足客戶需求及期望的重要性，及（3）生產該產品所需要相關資源的數量。如此一來，便可把原本包括各式各樣產出的一張表，篩選到只剩少數幾項重要產出。顯然，提升那些只需花很少的生產成本、對客戶不太重要或者對單位任務不具重要性的產出的效率或品質，只會產生很小的生產力槓桿。

如同之前所提到的，我們必須對單位任務與客戶需求及期望取得充分的了解，才能精確地確認「關鍵性」產出。剛才所描述的步驟是確認的開始。就某個程度而言，確認重要的產出仍有賴於下一個步驟之協助（分析單位功能）。根據定義來看，關鍵性產出是「昂貴的」（必須使用到單位的大部分資源），所以有必要了解單位中的產出是如何生產出來的。因此，這七個步驟既不是呈一直線也不是各自獨立的。

　　我們建議使用下列三種方法來確認重要產出，而且最好三種都用。這三種方法包括（1）明瞭該單位職員認為最重要、最花成本等之產出；（2）客戶認為該單位最為重要的產出；以及（3）分析該單位保留的記錄及預算資料，以判斷哪種產出消耗最多的資源。

步驟４：主要的功能（Major Functions）

　　功能分析（Function Analysis）係指判斷單位如何將投入加工製成關鍵性產出。由於功能分析考慮到很多細節，且需花很多的時間，因此首先要考慮到為何要為此步驟費心費力。我們只想要選擇建立良好的生產力衡量所需的部分來進行，以限制功能分析的範圍。但即使是相當小的單位，也有許多活動及營運，而其中任何一項又可再細分成很多的小細節。因此，生產力衡量要避免

花太多時間在功能分析的步驟上。

關鍵性投入

　　進行功能分析，主要理由之一是為了確認關鍵性投入。所謂關鍵性投入（Key Inputs）是指關鍵性產出的生產過程中必需使用到且對關鍵性產出的生產力有重大影響之特定原料或資源。有幾種標準可以區分「關鍵性」投入與其他投入。更技術性地說，關鍵性投入對關鍵性產出的品質或效率，負有很大的責任。例如，以先前所介紹的訓練單位為例。該單位為經理人員所舉辦的講習會運用到的資源，包括了鉛筆（受訓者做筆記之用）及有經驗及技巧之管理訓練人員（規劃及傳授訓練課程）。很明顯地，受訓者從訓練人員之處所獲得管理技巧（關鍵性產出）之影響必定大於鉛筆。也就是說，使用品質較好的鉛筆所產生的產出品質效益，極可能小於採用素質較好的訓練人員。

　　投入的「關鍵性」有時候可能會與該項投入佔所有投入的相對重要性有關，但並非總是如此。也就是說，一般情況下，當一項投入與生產所需之其他所有投入相較之下，其成本及數量都顯得相對地較低及較少時，則其對品質的影響通常也會較不重要。例如，假設想要衡量及改進祕書單位的報告生產力，祕書人力是最大的投入項目，且其在重要性方面及成本方面都比打字的色帶高出很多。而且，即使色帶的性質及成本改變，對報告

品質的影響也遠低於祕書在技巧或效率上的改變。但是，千萬不能因而忽略較小的投入項目在生產關鍵性產出時所扮演的角色。例如，如果船塢建造工人使用較高品質的釘子（一種相對上較小的投入），則船塢工人所建造出來的船塢耐用年數將會是一般的兩倍，這也是一項主要的品質（也就是生產力）改進。

判斷關鍵性投入的另一個標準是可控制性。若無法或不太可能控制某項投入的成本、品質、及時性等，即使它是一項重要的投入，選來衡量亦無多大用處。例如，電話行銷公司在銷售過程中必須大量使用到電腦，由此可知電力（一項重要的投入）的中斷勢必會導致客戶流失的嚴重後果。然而，如果在選擇電力公司上別無選擇，而購買一部發電機之成本又很嚇人，則把電力品質及不中斷性列入生產力指數中並不能產生多大的效益，同時從這個衡量也得不到什麼好處。

中間產出

進行功能分析的第二個主要原因是為了確認潛在的關鍵性「中間產出」（Throughputs）。所謂中間產出，是指在完成關鍵性產出的過程中間所產製出來的東西。以餐廳來做為說明中間產出的例子，在餐廳中，明顯的關鍵性產出是客戶對餐點菜色及服務的滿意程度。藉由分析餐點到達顧客面前的過程，可以描繪如下：

廚師準備餐點 ➔ 服務生端到顧客坐處 ➔ 顧客享用餐點

第二項功能的產出（準備好的菜）就是一種「中間產出」，因為變成產出（顧客用餐）之前，它還需要再進一步的處理。也就是說，準備好的菜並不是最終的單位產出，必須再由服務生（侍者）提供服務之後，才能讓顧客享用到準備好的菜。在此例中，衡量其中間產出（準備好的菜）或許是個聰明的方式，因為該項中間產出的潛在改變，對較高層次的生產力很可能會產生重大影響。然而衡量第二項功能的產出，只能改善第二個過程，並無法改進生產力。也就是說，即使服務生的態度較親切，但若其所端出來的菜是冷的、令人感到油膩的或平淡無味，其親切的態度對於顧客的滿意度是不會有多大的正面影響。如同所見，有時候，功能分析可以協助我們確認重要的產出，這種分析和對各單位直接提供給客戶之產品或服務所做的分析不太一樣。衡量及改進重要的中間產出的品質，可能會產生重大的生產力槓桿。而唯有仔細審慎分析每項關鍵性產出的製造過程，方能確認出重要的中間產出。

功能分析必須對前述的各項步驟（任務、顧客的期望、關鍵產出）所確認出關鍵性產出在製造過程中的一些主要生產活動項目加以確認。然後，再分析每一項主要的生產活動，直到確認出所有主要的中間產出及投入為止。這個過程必須利用所熟悉的系統分析技巧，將較

大的活動再予以細分，然後確認特定的投入、過程及產出。圖 7.1 即是完整的一般單位營運的投入---過程---產出分析。

步驟 5：選擇產出衡量（Output Measurement Selection）

一旦確認了投入及產出之後，剩下來的工作就是要從所有的產出中（現在會因為增加了中間產出而增加）選出少數幾項值得衡量的關鍵性產出。由於第 8 章會再更進一步討論此部分，在這裡我們希望從簡單的開始，因此我們建議不要把每項關鍵性產出都拿來衡量。基本上，建立有用的衡量制度、接著實際進行衡量並運用衡量結果所產生的資料，這些過程都需要時間及金錢，有時候還會為此產生苦惱。因此，開始時只對一項或少數幾項進行衡量是聰明的，特別是當系統性的生產力衡量剛問市時，更該這樣做。

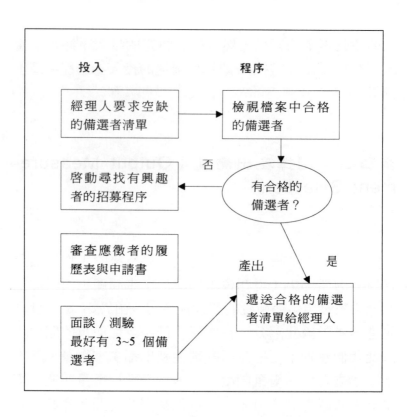

圖 7.1　人事單位的招募與遴選程序

　　由於已在本書第 4 章介紹如何建立產出衡量，在此不再重述。然而，必須再強調一次，最好能將產出的品質列入衡量的範圍。只有考慮數量的產出衡量或未考慮重要的品質標準之衡量，對生產力的改進很可能一無用處甚至產生反效果。

　　選擇供衡量用的產出時，必須遵守一些標準。雖然下列每一項標準所需的注意程度不一，但至少都須做到

某種程度的考量。

1. 選擇那些對完成單位任務最重要的產出來衡量。
2. 衡量那些容易取得大部分的衡量資料的產出。
3. 衡量那些具有最容易進行規劃、執行、分析及報告之衡量程序的產出。
4. 衡量那些最快產生反應的產出。也就是說，假設現在我們有二個選擇：在六個月內不會顯現出品質屬性（譬如像耐久性）的產出及可在本週評估其品質屬性（譬如像及時性）的產出，請選擇可以在最短時間內蒐集到相關資料的產出。
5. 選擇那些較常重覆發生變動的產出來衡量。如果一項產出很久都沒有變動（譬如像半年報），選擇可以每個月進行改善的產出是明智之舉。
6. 根據成功的可能性來選擇。避免選擇很可能具有非常負面且令人沮喪的資料之產出。同樣地，不要選擇具有高度爭議性、可能引起意見不合及衝突的產出來衡量。
7. 假定有二種選擇：一種是相當複雜的衡量，另一種是較簡單的衡量，請選擇簡單的。
8. 衡量那些已知關鍵投入、可控制又很容易衡量的產出。這個標準提到了下一個步驟（建立關鍵投入之衡量）及下下個步驟（建立生產力指數）中所包含的觀點。一項好的產出衡量若能衡量出重要的品質因素，則對改進生產力可能很有幫助。

在這個情況下，可以不在乎該產出的投入是否可加以衡量，因為人們不會再追究這個步驟。但是在建立供生產力指數使用之產出衡量時，通常至少須估計一下大概的投入。

選擇產出衡量是一項決定性的抉擇，不僅需要一些資料的可用性、衡量的容易度及在任務達成上之差異關係等技術面的考量，同時還要進行一些像威脅的程度、使用上可能發生的政治／社會方面之條件評估。此外，可明顯地看到關鍵性產出的選擇需要一些取捨。對單位任務的達成扮演最重要角色的產出，很可能具有高度爭議性、政策上反覆無常，或不容易衡量，因此，我們可能必須另行選擇較容易衡量、較為可行但也許對任務較不重要的產出。

步驟 6：投入衡量選擇（Input Measurement Selection）

這個步驟，在範圍及過程方面，都和前一個步驟很像。也就是說，當確認出所有的關鍵性投入因素後，必須從其中選出一種或一種以上的投入供衡量之用。但是，這個步驟與前述的步驟有一項很重大的差異：在大部分的情形下，只選擇那些被用以衡量的關鍵性產出在

生產過程中所需的投入進行衡量。也就是說，就生產力衡量目的而言，在沒有產出衡量的情形下，仍去衡量追蹤資源的耗用，通常是沒有多大用處。換句話說，只有當投入衡量會與產出衡量共同列入生產力指數時，建立投入衡量方有意義。

這句話是說，選擇投入衡量基本上應考慮其是否會列入生產力指數。也就是說，主要的選擇標準在於所衡量的投入必須對生產力特別重要，並且對產出的品質有很大的影響（當然，如果某項投入一開始就被認為是關鍵性投入，則它就應該已經符合這個標準了）。

此外，在選擇衡量所用到的關鍵性投入時，還應遵守前項步驟（步驟 5）中所提到的其他標準。也就是，所選擇的投入衡量必須：（1）已經有現成可用的資料；（2）容易衡量的；（3）其變動次數頻繁（在短期內可見到）；（4）很可能被成功地衡量及使用，及（5）衡量上較為簡單。

分析單位預算及其他相關記錄，有助於確認關鍵性投入。此外，還可以召集單位工作人員，並收集他們對關鍵性投入的意見。

步驟 7：建立指數（Index Construction）

建立生產力指數（比率）是最後一個步驟，如同第 6

章所說的，這個步驟是結合關鍵性產出衡量與關鍵性投入衡量。前一章已介紹並討論很多種生產力指數型式、範例及方針原則。讀者在看到這個步驟時，應該參考前一章。

建立生產力指數時，首先應注重的是其潛在的實用性。如果建立的衡量無法用來做成有價值的決策，等於是徒勞無功。指數的建立應該能夠反映出那些對單位的生產力影響很大的產出及投入衡量。

通常，建立一種以上的指數或一整組的指數是很有用的。例如，可以對每種關鍵性產出所需的主要投入分別建立指數。假設此時的關鍵性產出是報告品質（Report Quality），則可能：一種指數採用「祕書時數」之投入衡量做為分母，另一種指數採用「專家之核閱時數」做為分母，而還有一種指數則以「蒐集資料之時數」做為分母。在評估及追蹤生產力的差異時，使用這三種個別獨立的指數，可能比使用以這三種個別投入時數之合計做為分母的指數更有幫助。同樣地，若我們建立數種指數時，每一種指數都採用不同的產出品質衡量，可能比建立一種包含了多種品質面的衡量（可能因而遮蓋了某些事實）更有用。

藉由前項步驟及前一章可悉知另一個原則，就是指數應該儘可能地簡單化，以便於運用、說明等。

運用這個七步驟過程

這個七步驟過程，並非是線性的，而是必須互相搭配參照。很多時候，為了方便前項步驟之順利進行，必須先了解一下後面的步驟。例如，我們只對已建立產出衡量的產出進行關鍵性投入的衡量，但是，我們在決定該衡量哪種產出時，又須視該產出是否有重要的投入可供衡量而定。真正唯一必須先進行的步驟可能是確認單位任務及客戶，因為唯有先得到這項資訊，方能判斷各項事物之重要性，並進行後續各項步驟。

我們也曾簡短地建議過，衡量工作應儘可能地簡化，並且須注意其實用性，在前幾章中我們已提過這個重點，在下章中我們還會再說明。在這些步驟中，有些步驟，譬如像確認產出或判斷產出之重要性，提到了小組討論所扮演的重要角色，在下一章中，我們同樣地會再闡述過個群體決策過程的觀念。

摘要

本章這七個步驟，是想要為生產力衡量之建立，提供一種觀念上，而非僅僅是程序上的指導方針。顯然地，我們必須達成每個步驟所應有的結果（確認每項關鍵性

產出、明瞭單位之任務職責所在等……），這些結果並沒有一定的達成順序，而且整個過程會一直反覆進行。不管是什麼情況下，這七個步驟都是很有用的觀念性原則。建立良好的衡量，與每個步驟蒐集所得的資訊有很密切的關係。現在讓我們接著看最後一章，其主題是關於製造流程的考量。

8

生產力衡量與組織：邁向成功

在本章，我們要為研究人員、評估人員及其他尋求改進生產力的人 們介紹一些生產力衡量的指導方針。這些方針的長期目標主要是為了要讓企業組織開始進行生產力的衡量，並加以系統化，使之成為「一種經營企業的方式」。然而，很多讀者並不是都抱持著如此宏大的目標，他們或許只希望其客戶能偶而試著接受生產力衡量，或者把生產力衡量當成是較大的評估計畫中的一小部分。雖然我們所抱持的目標不是很宏大，但在這裡所介紹的各項原則仍然有效的，如果無法遵行這些原則，即使是最簡單的衡量，也會導致失敗的結果。

從過去的成功與失敗的經驗中，我們學到了一件事，那就是研究人員或經理們皆應遵行這些方針，並且認為生產力衡量最終將成為制度化生產過程的一部份。這個建議基本上是有效的，因為這些方針是來自一般社

會的評估及公司的參與。簡單的說，這些方針是對企業有用的一些簡單規則。此外，這些方針顯示出我們的專業見解，不管現在的範圍及目標是什麼，所有用於評估及衡量的努力都必須遵循最終的研究原則，也就是在執行評估及衡量時要學會實際的研究及推廣研究的運用。

成功衡量的指導方針

生產力衡量是發生在一個動態且複雜的企業組織中。這意謂著：研究人員或經理們是否能成功地覺察到並在衡量上得到成功，與該企業的文化、組織中所有相關人員的價值觀及經驗有著很密切的關係。而且成功與否也取決於研究人員或經理們的努力。簡單的說，這些複雜的因素中，有些有助於衡量的進行，而有些則會妨礙衡量的進行。因此所有研究人員或經理們必須明瞭哪些因素對成功的生產力衡量有幫助，而哪些因素則是絆腳石。在本章我們討論達成生產力衡量的實務目標。

在組織中，我們應該把生產力衡量視為策略改變

策略改變要有成功的機會，則必須仔細思考其制度及方法。策略改變需要有事前的審慎規劃。在進行改變的最初階段，就必須要考慮到所有預期可能的阻礙。由

於企業組織的改變過程是相當痛苦且緩慢的，所以我們應避免在剛開始時，就踏入一個技巧性地呈現生產力改進狀況的陷阱中。這種「每月技巧」（Technique a Month）的陷阱是有可能會產生短期的成功。但當員工們逐漸開始懷疑這種技巧時，並造一堵石牆圍堵時，新技巧就不再有用了。此時，生產力衡量經理必須再尋另一種比過去更巧妙的技巧來取代才行，但這都不是一勞永逸的辦法。

　　不管採用任何的策略，在引進生產力衡量及改進的觀念時，可預期到必然會有來自公司內部人員的抵制。我們必須辨別出公司中的順從者及改革者，在改變過程中適時地讓這些人參與。而對於反抗改變的人，可能的話，在早期規劃階段就要告訴他們有關此過程之種種面項，並將這些人引進這項改變的任務中。獲得他們的意見及回饋，但必須讓他們明瞭到，可能要等到公司全面採行此過程之後，他們才會被迫參與其中（Tichy & Devanna, 1986）。

透過生產力衡量建立生產力改進之夢想：期能提供強而有力的領導

　　最近的管理研究報告顯示，最有效的經理人員是那些直接領導部門、組織及職員的人（Bennis & Nanus, 1985）。欲達成有效的領導，祕訣之一就是創造一種未來可能實現的願景。這需要一種能夠增加公司及員工價

值理念或過程的信仰。這需要在面對質疑及阻礙時能夠有「一定可以做到」的態度。這些正是今天有些企業之所以會成功的原因。像國際商務機器公司（IBM）、惠普電腦（Hewlett-Packard）、蘋果電腦（Apple）、福特汽車（Ford）、Sara Lee、Deluxe CheckPrinters 及嬌生企業（Johnson and Hohnson）等，皆是因那些有遠見的人士而獲得成功之典型例子。

生產力衡量在公司組織中需要這種領導風格。這種領導風格利用語言表達以及想像能力協助高階管理階層抓住願景。這種領導風格在說話、日常生活中、呼吸時都離不開生產力衡量。這種領導方式能夠有耐性與高階層管理者共同工作，並且可以藉由觀察生產過程找到潛在的政策性問題解決方案，並且視生產過成為改善組織健全性的一個有力系統。從最後的分析中可以看出，想要改變一家公司，使其認真地注意到生產力及品質，需要一種強硬的行銷手段。當把生產力衡量及品質改進是達成政策最具有效性的長期方法時，高階管理者可將此課題提請董事會討論，如董事會通過則比較容易改變公司的制度並達到目的。

生產力經理還有另一項具挑戰性的工作，也就是要想辦法在受影響的員工群體中推動生產力衡量。觀念及可行性的溝通需要的是時間、耐性及毅力。如同我們所看到的，人們通常以不同的方式接受新觀念及新方法；有時候有些人就是無法接受新觀念及新方法。在進行此種觀念溝通時，有一個祕訣，就是讓他們發現生產力衡

量及制度改進中存在著「雙贏」局面。在最前線的產品生產人員及勞動者很可能領悟到額外的工作、失去工作及更努力的工作與「生產力」這個字的關係。的確,研究人員及經理們必須視個人及公司為一體並加強一個觀念,那就是衡量制度可以帶來相對的報酬。

取得高層管理人員的參與及贊同

任何想要進行生產力衡量及改進生產力的公司,首先應著手拉攏的對象是高階管理人員,有必要讓高階管理人員接受未來的夢想與可能實踐的觀念。但光這樣做是不足以維持生產力及順利改進生產力。高層的管理人員除了同意之外,還必須做些別的事;他們必須參與其中。生產力衡量需要公司在文化、政策及方法上,進行廣泛的改變。這些改變並不是僅是取得高階管理人員同意、再把工作推給中層的管理人員就可達成。高階層的管理人員必須親自參與生產力衡量及改進的所有過程,包括規劃、溝通、準備及施行等工作。

這並不是說沒有高層管理人員的支持,就不能進行生產力衡量及改進。缺乏這種支持,過程將會比較困難,但是並不影響生產力衡量及生產力改進的進行。通常這種方式會由一個比較小的前導計劃開始,並且獲得較少的注意;但是最後還是會獲得高層管理者的注意及支持。這個方法需要較大的耐心,較少的資源實現生產力目標;然而,就長期性而言,潛在的生產力效益及貢獻

對公司的成功終究是非常真實的。

把注意力放在具有高度成功可能性的項目上

這項方針來自永不改變的二種法則：（1）沒有什麼能取代成功，及（2）當勝利比較容易獲得時，勝利就容易到手。第一種法則說明了，如果人們知道參與生產力衡量可能會為其帶來成功，則那些原本一開始沒有參與衡量工作的人們可能會比較想要去參與其中。第二種法則闡明了，衡量工作的領導者會發現到，當成功的條件都具備時（管理者的支持、承擔風險的精神、精力充沛的職員等），比較容易進行衡量工作。

因此，我們建議那些想要施行生產力衡量的研究人員或經理們首先應該對公司進行詳細的調查，並找尋一種具有高度「成功」可能性之情況：在工作中，我們可能會故意跳過對一項真正、主要且重要的生產力項目，反而挑選了一項較不重要的項目來做衡量。原因很簡單，因為我們想要成功地開始我們的工作。在這個例子，我們深信，曾經努力過且成功過總比從來沒有成功過來得好。

提防並考慮因衡量所引起的政治派系問題

現今權力的分配、繼續努力維持權力或取得新權力，都是公司的政治化過程。目前的政治環境部分是基

於目前的公司架構及工作程序。任何工作程序上的改變
會影響到某些權力基礎、並為其他人提供取得新權力的
機會。將生產力衡量程序引進現在的公司中,可能會被
視為是一種破壞權力均衡的動作。

例如,新的衡量程序可能賦予某些員工要求更多資
源的權力。或者,習慣根據自己以前所保留的資料來做
決定的經理,現在可能必須根據公開取得的資料來做決
定,因而會有很大的威脅感。此處的重點是說,引進一
種新的衡量程序,無疑地會:(1)破壞某些人的權力,
或(2)被看成「潛在」破壞某些人的權力。在這種情況
下,可能的話,研究人員或經理們必須仔細地確認、考
慮及改善因衡量所引起的立即與潛在的政治問題。

從基層開始進行生產力衡量

這意謂著在改進生產力時,必須把較低階層的公司
員工當成是合夥人,讓他們參與委員會,協助及執行任
何的生產力衡量計畫,且他們必須同意對具有控制力的
產出進行衡量。公司員工必須有一種想要知道他們的生
產力如何之渴望,同時必須明瞭到他們是唯一真正能夠
使過程及工作更有生產力的人(Moore, 1987)。

上述生產力衡量制度可能會牽涉到傳統的人力管理
問題:誰該為生產力負責。當衡量過程是一種團隊的行
動,會牽連到數個人事階層時,這個衡量過程會較有成
功的可能性。若非如此,即使有最好的生產力衡量制度,

但所產生的資料卻是錯誤的，或雖有口頭上的參與、贊同，但事實上卻忽略了，則一切努力還是枉然的。

建立一種持續溝通的管道及程序

有一種處理策略改變的絕對法則是：「不要出其不意」。因為生產力改進是一種改變管理方式的過程，所以「不要出其不意」這項法則是很重要的。

將公司所有層次的人事皆納入衡量過程中，是一種有效的維持不斷溝通的方法。每個人所扮演的角色，除了參與規劃及實行外，還得與其他同僚溝通。當溝通的管道暢通時，懷疑者可能仍會抱持懷疑的態度，但至少有一個可以表達其意見的管道。

持續不斷的溝通，包括：公告成果、更新定期發行的簡訊、傳遞有關進展及計畫的內部備忘錄予所有同仁、在工作場所談論生產力，可能的話並在高階管理者之聚會中討論此課題。改變一家公司，需要廣泛及多方面的努力。持續溝通是保持理想及公開的方法；持續溝通才不會使人「出其不意」。

提供必要的訓練及協助，進行並維持生產力提昇的努力

改變，需要一些新技巧或至少要使用不常在工作場上所使用的技巧。這種改變，需要能觀察過程及尋找機

會的分析性技巧，也就是需要一種能以簡單的方式加以量化及衡量的能力且需要解釋技巧，才能好好利用蒐集而來的資料。生產力改變需要溝通的能力、解決問題的能力，以及訓練人們適應新過程的能力。

生產力改進的實行，往往需要基本的生產力及品質觀念方面的訓練。這種訓練在生產者層次特別重要。協助管理人員為改變做準備，並領導公司的改變，是成功的要素之一。我們必須教導那些最先投入改變過程的人基本的衡量觀念。協助小組領導者及管理人員主持生產力會議，這對生產力改進很重要。

這些努力不需要為了要全公司的人參與而弄得很複雜，而是一開始可以先組成一個實驗小組或部門來進行生產力衡量。而不同的實驗小組可以同時開始進行生產力提昇的實驗。

有些公司可能從未加入生產力衡量的行列，因而認為他們的員工無法熟練此種複雜的觀念。從過去的經驗得知，情況剛好是相反的。譬如，在一家製造公司中，受過高中教育的零件油漆工正在進行零件油漆的品質實驗。他們正在對不同稀釋程度的混合、熱度控制、運用過程及零件表面處理等進行實驗。希望能夠提供並解釋關於每種實驗的影響，及那種過程或組合能夠以最少的投入，產出最好的產品品質等多變數資料。當這些資料可以協助工作執行者把他們的工作做得更好時，這些工作執行者將會很快的學到改進生產力的必備知識。

過作者也需要接受一些訓練，才能利用資料來做決

策。他們必須能夠利用衡量資料，判斷出導致生產力的效益增進或減少的原因。

在過去幾年，很多公司投入相當多的資源，使用「統計製程管制」（Statistical Process Control）的方法訓練員工們進行生產力衡量。他們首先遇到的問題是：「我們有全部的資料，但是我們從來沒有用過。」這些公司有最好的生產力圖表及完整的機器、人工生產資料，但當被問到他們如何使用這些資料時，其表情卻是茫然無知的。任何生產力衡量制度都可能落入同樣的陷阱中：能夠取得完整的資料，但卻沒有人使用它們。

最後，管理人員及經理們也需要接受教導及回饋等技巧的訓練。由於公司改變會使工作執行者產生不確定性，因此人們必須精確地知道他們在什麼時候正確地完成工作，以及何時必須改進工作績效。管理人員在明確指出必須改進績效的同時，還必須維護工作執行者的自尊。這是一種藝術，但是很多技術上能夠勝任的經理們常無法建立起此種藝術。他們通常無法得到公司方面對於建立此種技巧的協助、支持。當工作執行者接觸到生產力衡量時，很多人會想要知道他們的績效是否符合預期標準。經理們若在報告上表示他們是「執行正確」時，將會發現那些工作執行者會重覆此正確的行為。在生產力衡量過程的早期，正面的衡量回饋可能會比較容易獲得成功。

一般而言，工作執行者若能看到具體的生產力及品質改進的成果，將會對其努力感到自豪。所以，維持生

產力改進的動力，最好的方式是建立起工作執行者的自信心及其對生產力衡量及改進的主導權。

評估生產力衡量制度並將此過程在公司中推廣

　　任何生產力衡量制度之實行不僅需要一套計畫，同時還得對其過程進行檢視及回顧。任何制度都必須開放予他人檢視及評估。事實上，那些領導此衡量過程的人必須是評估成果時的領導者。評估生產力衡量成果的唯一有效方式是訂定明確的目標及標準。適當地訂定目標及標準後，就能夠客觀地評估生產力衡量成果。以下的各項目標，譬如降低 1%的瑕疵率，或增加 2%的品質產出，或在維持品質產出不變的情形下降低 1%的材料成本等，都十分具有可衡量性。當這些目標得以達成並確認對於組織成功具有重要性時，這些目標所面對的質疑就會大幅減少（Guba & Lircoln, 1981）。

　　評估可以提供生產力衡量制度修正時的參考。原始的產出及投入衡量，可能需要一些修正，而評估結果會告訴我們哪些地方需要修正，也會直接告訴我們哪些地方的生產力還可以改進。

　　彈性對成功的生產力衡量及改進很重要。公司、人員及過程都會變動。每種變動可能都需要不一樣的方法來因應。如果本章所介紹的方針每一項都能作到，那就不再是一種 ”一成不變” 的過程。在即將成功的每一階段之際，採用此種過程是必要的。藉著不斷地調整進行的

過程，並配合所有人員不斷的回饋，將可導致生產力增加。

　　生產力衡量成果的評估，必須要提出一種報酬制度，以獎賞那些必須為衡量結果負責的人。公司必須知道工作執行者對報酬制度的評價如何。有些公司會用公開表揚的方式來獎賞工作執行者，沒辦法這樣做的公司則必須採用財務手段。公司文化通常會規定報酬的方式，讓工作執行者知道他們對生產力效益的貢獻是受到注意且應該獲得獎賞，這絕對是必要的且是維持生產力效益動力的最好方式。無論如何，公司都應儘可能將生產力進步的資訊加以具體化。能重視生產力的公司，通常在生產力成長上也會有長足的進步（Cissell, 1987）。

　　在生產力衡量及改進上獲得最初的成功後，接著面臨到的挑戰是把這個過程推展到公司上下所有部門。最好的方式之一，就是利用在介紹生產力提昇專案時期所設立的溝通管道，讓所有人員都知道這件事。保持高度的好奇心，同時傳達此過程中的挑戰及機會，有助於讓所有員工了解此過程，特別是那些未曾參與實驗階段的員工。

　　讓管理人員知道生產力提昇計劃的進度，對公司整體的生產力工作很重要。管理階層不僅應該參與生產力改進工作的規劃與實行，他們還應該積極地與其同僚進行結果之評估及溝通。

　　有一種對於將此過程推展至全公司特別有效的方法，就是安排一些曾參與實驗階段的人員在公司各個腳

落，負責顧問及指導之工作。因爲他們的成功經驗相當容易傳達給其他人知道。這個方法也把生產力衡量制度變成一種同儕對同儕的工作。這個方法十分有效，因爲生產層次的工作執行者最知道生產力效益在哪裡。單單只靠管理階層的專業，可能只會延緩生產人員層次的輔導效果，並妨礙成功的衡量及生產力提升。

摘 要

　　即使是缺乏公司運作經驗的讀者，也知道這些指導方針相當常見；這更加驗證本章一開始所陳述的那句話：生產力衡量最重要的就是帶來公司改造。因此，這些指導方針實際上同樣地適用於任何計畫的評估或其他公司運作上。

　　衡量、資料蒐集及分析等技術性技巧，顯然是成功的生產力衡量所必需的。研究人員及經理們等想要進行生產力衡量的人，顯然應該具備這些技巧。然而，很重要的是，這些研究人員及經理們必須對他們計畫從事衡量的公司有所了解。公司如何運作、政策及權力的本質，以及員工與公司間的關係，只是眾多重要且必須了解的事項中之一部分，缺少這些了解，即使具有最好的技術技巧，也幾乎沒有用。

　　雖然如此，主要的成功要素，是要有改進生產力的

能力及承諾。由一位缺乏經驗和技巧的新人來負責一項公開的計畫，只要他或她願意隨時從錯誤中學習並願意從小處開始做起，則比起把一項大計畫交給高階生產力管理顧問來做，更有可能成功。我們希望這本書能對生產力衡量有小小的幫助。

幾乎每家公司都需要改進生產力，並從生產力衡量中獲利。同樣，幾乎每個人都能進行生產力衡量的工作，而且有很大成功機會。我們所需要的是更多的參與者，更多願意在開始時確認潛在的生產力改進的範圍、願意進行生產力衡量以便使生產力成為眾人注意的焦點，及願意追蹤生產力改進效果的研究人員、評估人員及經理人員的參與。

參考書目

Adam, E. E., J. C. Hershauer, and W. A. Ruch. 1981. *Productivity and Quality: Measurement as a Basis for Improvement*. Englewood Cliffs, NJ: Prentice-Hall.

Alkin, M., R. Dailak, and P. White. 1979. *Using Evaluations: Does Evaluation Make a Difference?* Beverly Hills, CA: Sage.

Ansari, A. and M. Ebrahimpour. 1988. "Measuring the Effectiveness of Quality Control Circles: A Goal Programming Approach" *International Journal of Operations & Production Management*, 8, 2: 59-68.

Baumol, W. J. and K. McLennan. 1985. *Productivity Growth and U.S. Competitiveness*. New York: Oxford Press.

Belcher, J. G., Jr. 1987. *Productivity Plus+*. Houston: Gulf Publishing.

Bennett, K. W. 1982, February. "Motorola Focus on Productivity & Quality is Worth a Look." *Iron Age*, pp. 61-64.

Bennis, W. and K. Namus. 1985. *Leaders*. New York: Harper & Row.

Blake, R. R. and J. S. Mouton. 1981. *Productivity: The Human Side*. New York: American Management Association.

Boileau, O. C. 1984, August. "Improving Quality and Productivity at General Dynamics." *Quality Progress*, pp. 16-20.

"Bottom-up management." 1985, June. *Inc.*, pp. 33-48.

Brinkerhoff, R. O., D. M. Brethower, T. Hluchyj, and J. R. Nowakowski. 1983. *Program Evaluation: A Practitioner's Guide for Trainers and Educators*. Boston: Kluwer-Nijhoff.

Buehler, V. M. and Y. K. Shetty. eds. 1981. *Productivity Improvement*. New York: American Management Association.

Campbell, D. T. and J. C. Stanley. 1966. *Experimental and Quasi-experimental Designs for Research*. Chicago: Rand McNally.

Chew, B. W. 1988, January/February. "No-nonsense Guide to Measuring Productivity. *Harvard Business Review*, p. 110.

Cissell, M. J. 1987, November/December. "Designing Effective Reward Systems." *Compensation & Benefits Review*, pp. 49-55.

Committee for Economic Development. 1983. *Productivity Policy: Key to the Nation's Economic Future*. Washington, DC: Author.

Cook, D. B. (1976, May). Automated Productivity Information—Necessity not Luxury. *Retail Control*, pp. 52-59.

"Corporate scoreboard." 1988, March 14. *Business Week*, pp. 122-127.

Deming, W. E. 1981. *Quality, Productivity and Competitive Positions.* Boston: MIT.
_____. 1983. *Out of Crisis.* Boston: MIT.
Gilbert, T. F. 1978. *Human Competence: Engineering Worthy Performance.* New York: McGraw-Hill.
Guba, E. G. and Y. S. Lincoln. 1981. *Effective Evaluation: Improving the Usefulness of Evaluation Results Through Responsive and Naturalistic Approaches.* San Francisco: Jossey-Bass.
Hamson, T. 1986, September. "Before Quality Circles—A Review of 'Productivity: A Practical Program for Improving Efficiency' by Claire F. Vough with Bernard Asbell." *Quality Circles Journal* 3: 44-50.
Hartman, A. C. and T. B. Towner. 1984. "Operations: Proper measurement: Key to productivity." *ABA Banking Journal* 76: 164-166.
Haskew, M. 1985. "IMPROSHARE and Quality Circles: Teamwork at John F. Kennedy Medical Center." *Quality Circles Journal,* 8: 24-26.
Hayes, G. E. 1985. *Quality & Productivity: The New Challenge.* Wheaton, IL: Hitchcock Publishing Company.
"Involved People Make the Difference in Manufacturing." 1982, February. *Modern Materials Handling,* pp. 17-20.
Japan Productivity Center. 1983. *Measuring Productivity.* New York: Unpublished manuscript.
Kay, C. R. 1986. "A University Approach to Participation: Quality Circles in Higher Education." *Quality Circles Journal,* 9: 14-17.
Kendrick, J. W. and D. Creamer. 1961. *Measuring Company Productivity: Handbook with Case Studies.* New York: National Industrial Conference Board.
Kendrick, J. W. and E. S. Grossman. 1980. *Productivity in the United States.* Baltimore: Johns Hopkins University Press.
Kohler, C. and S-W. Rainer. 1985. "Introducing New Manufacturing Technology: Manpower Problems and Policies." *Human Systems Management,* pp. 231-243.
Krogh, L. C. 1987, November/December. "Measuring and Improving Laboratory Productivity/Quality." *Research Management,* pp. 22-24.
Lachenmeyer, C. W. 1980. *Assessing Productivity in Hard-to-Measure Jobs.* Hempstead, NY: Hofstra University.
Landy, F., S. Zedeck, and J. Cleveland. eds. 1983. *Performance Measurement and Theory.* Hillsdale, NJ: Lawrence Erlbaum.
Lehrer, R. N. 1983. *White Collar Productivity.* New York: McGraw Hill.
Lenk, Gerry. 1988, June. "Quality." *Supervision,* pp. 11-13.
Measuring Productivity. 1983. Tokoyo: International Productivity Symposium.
Megalli, B. and G. Sanderson. 1978, November/December. "Productivity—Quality of Working Life a Key Factor?" *Labour Gazette,* pp. 500-504.
Miller, D. M. 1984, May/June. "Profitability-Productivity Price Recovery." *Harvard Business Review,* p. 145.
Moore, C. W. 1987. *Group Techniques for Idea Building.* Newbury Park, CA: Sage.
National Center for Productivity and Quality of Working Life. (1983). *Improving Productivity Through Industry and Company Measurement.* Washington, DC: Author.
Nollen, S. 1979, September/October. "Does Flexitime Improve Productivity?" *Harvard Business Review,* p. 12.
Perry, N. J. 1988, December 19. "Here Come Richer, Riskier Pay Plans." *Fortune,* pp. 50-58.

參考書目

Puckett, A. E. 1985, September/October. "People Are the Key to Better Productivity." *Industrial Management*, pp. 12-15.

Ranney, G. B. 1986, Spring. "Deming and the 14 Points: A Personal View." *Survey of Business*, pp. 13-15.

Riggs, J. L. and G. H. Felix. 1983. *Productivity by Objectives*. Englewood Cliffs, NJ: Prentice-Hall.

Rummler, G. A. 1976. "The Performance Audit." In *Training and Development Handbook*, 2nd ed., edited by R. L. Craig. New York: McGraw-Hill.

_____. 1982a, October. "Linking Training to Organization Performance." (Available from: The Rummler Group, 25 Franklin Place, Summit, NJ 07901).

_____. 1982b, October. "Organizations as Systems." (Available from: The Rummler Group, 25 Franklin Place, Summit, NJ 07901).

Ryan, J. 1983, December. "The Productivity/Quality Connection-Plugging in at Westinghouse Electric." *Quality Progress*, pp. 26-29.

Sherman, G. 1984-1985, Winter. "Japanese management: Separating Fact from Fiction." *National Productivity Review*, pp. 75-79.

Shetty, Y. K. 1986, Spring. "Quality, Productivity, and Profit Performance: Learning from Research and Practice." *National Productivity Review*, pp. 166-173.

Shetty, Y. K. and V. M. Buehler. eds. 1985. *Productivity and Quality Through People*. Westport, CT: Quorum Books.

Simers, D., J. Priest, and J. Gary. 1989, January. "Just-in-Time Techniques in Process Manufacturing Reduced Lead Time, Cost; Raise Productivity, Quality." *Industrial Engineering*, pp. 19-23.

Taylor, F. 1947. *Scientific Management*. New York: Harper.

Tichy, N. M. and M. A. Devanna. 1986. *The Transformational Leader*. New York: John Wiley.

Thomas, B. W. and M. H. Olson. 1988. "Gain sharing: The Design Guarantees Success." *Personnel Journal* pp. 67-72.

Turner, L. 1989. January. "Three Plants, Three Futures." *Technology Review*, pp. 19-23.

Tyler, R. 1983. "Rationale for Program Evaluation." In *Evaluation Models*, edited by G. Madaus and D. L. Stufflebeam. Boston: Kluwer-Nijhoff.

Widtfeldt, J. R. 1982, January. "How IEs can Contribute to, Gain from a Quality Circle." *Industrial Engineering*, pp. 64-68.

Wilson, J. D. 1983, December. "Logic . . . not Magic: A Comprehensive Quality Program Improves the Product and Reduces Costs." *Quality*, pp. 60-61.

Wright, N. H., Jr. 1982, February. "Productivity/QWL-Part 2." *Management World*, pp. 17-20.

Yamaki, N. 1984, Autumn. "Productivity: Japanese Style—Part 2—Small Group Activities in Mitsubishi Electric Corporation—A Case Study." *Management Japan*, pp. 10-18.

Yamamoto, S. 1985/1986, Fall-Winter. "Tradition and Management." *International Studies of Management & Organization* pp. 69-88.

關於作者

　　Robert O.Brinkerhoff 在 1964 年間擔任美國海軍士官時，開始他的訓練及評估生涯，他當時的工作是負責課程的設計及訓練計劃。他曾爲美國、澳洲、葡萄牙及南非的大企業及政府機構，提供評估及管理顧問諮詢。他著有六本書，並寫有很多關於訓練及評估方面的文章，現在則是 Western Michigan University 的首席教授。

　　Dennis E. Dressler 在 1969 年擔任非營利機構之教育人員及主管時，開始其人類行爲改進的生涯。他曾與橫跨製藥業、汽車製造業及銀行業之五百大企業共事過。他曾寫過關於公司的績效、訓練等文章，目前則在 Training Strategies, Inc.擔任稽核資深主管。

弘智文化事業有限公司

　　弘智文化事業有限公司一直以出版優質的教科書與增長智慧的
參考書為其使命，並以心理諮商、企管、調查研究方法、及促進跨文
化瞭解等領域的教科書與工具書為主。弘智的出版品以翻譯為主，文
字品質優良，字裡行間處處為讀者是否能順暢閱讀、是否能掌握內文
真義而花費極大心力求其信雅達。其出版品可概分為八大類，簡述如
下：

【應用性社會科學調查研究方法叢書】

＼已出版者：

《應用性社會研究的倫理與價值》平裝 ／NT：220

《社會研究的後設分析程序》平裝 ／NT：250

《量表的發展：理論與應用》平裝 ／NT：200

《改進調查問題：設計與評估》平裝 ／NT：300

《標準化的調查訪問》平裝 ／NT：220

《研究文獻之回顧與整合》平裝 ／NT：250

《參與觀察法》平裝 ／NT：200

《調查研究方法》平裝 ／NT：250

《電話調查方法》平裝 ／NT：320

《郵寄問卷調查》平裝 ／NT：250

《生產力之衡量》平裝 ／NT：200

《民族誌學》平裝 ／NT：250

《政策研究方法論》平裝 ／NT：200

《焦點團體：理論與實務》平裝 ／NT：250

《個案研究》平裝 ／NT：300

《醫療保健研究法》平裝 ／NT：250

《解釋性互動論》平裝 ／NT：250

《事件史分析》平裝 ／NT：250

《次級資料究研法》平裝 ／NT：220

＼即將出版者：

《抽樣實務》

《審核與後設評估之聯結》

【企業管理叢書】

＼已出版者：

《生產與作業管理》精裝 ／NT：500(上)；600 (下)

《管理概論：全面品質管理取向》精裝 ／NT：650

《國際財務管理：理論與實務》精裝 ／NT：650

《平衡演出》（關於組織變革與領導）精裝 ／NT：500

《確定情況下的決策》平裝 ／NT：390

《資料分析、迴歸與預測》平裝 ／NT：350

《不確定情況下的決策》平裝 ／NT：390

《風險管理》平裝 ／NT：400

《新白領階級》平裝 ／NT：350

《如何創造影響力》平裝 ／NT：350

《策略管理》平裝 ／NT：390

《策略管理個案集》平裝 ／NT：390

《國際管理》精裝 ／NT：690

《財務資產評價的數量方法一百問》平裝 ／NT：290

＼即將出版者：

《生產與作業管理》（簡明版）【適合一學期的課程】

《管理組織行為》

《全球化與企業實務》

《生產策略》

《全球化物流管理》

《策略性人力資源管理》

《品質與人力資源管理》

《人力資源策略》

《行銷管理》

《行銷策略》

《服務管理》

《認識你的顧客》

《行銷量表》

《財務管理》

《新金融工具》

《全球金融市場》

《品質概論》

《服務業的行銷與管理》

《組織行為精要》【適合一學期的課程】

《行動學習法》

【心理諮商叢書】

＼已出版者：

《社會心理學》精裝 ／NT：700

《教學心理學》精裝 ／NT：600

《生涯諮商：理論與實務》精裝 ／NT：658

《追求未來與過去》精裝 ／NT：550

《心理學：適應環境的心靈》精裝 ／NT：700

《健康心理學》平裝 ／NT：500

《金錢心理學》平裝 ／NT：500

《夢想的殿堂》平裝 ／NT：400

《積極人生十撇步》平裝 ／NT：120

《心靈塑身》平裝 ／NT：200

《經營第二春》平裝 ／NT：120

《享受退休》平裝 ／NT：120

《協助過動兒》平裝 ／NT：150

《賭徒的救生圈：不賭其實很容易》平裝 ／NT：150

《婚姻的轉捩點》平裝 ／NT：150

＼即將出版者：

《諮商概論》

《學習心理學》

《認知心理學》

《認知治療法概論》

《伴侶治療法概論》

《老化與心理健康》

《醫師的諮商技巧》

《社會工作實務的諮商技巧》

《教師的諮商技巧》

《安寧醫護人員的諮商技巧》

《人際關係》

《心理學概論：心智的運作》【適合一學期的課程】

《家族治療法概論》

《身體意象》

《照護年老雙親》

《在壓力中尋找力量》

《忙人的親子遊戲》

【社會學相關叢書】

＼已出版者：

《社會學：全球性的觀點》精裝 ／NT：650

《文化人類學》精裝 ／NT：650

《全球化》平裝 ／NT：300

＼即將出版者：

《麥當勞與社會》（本中文版為 2000 年千禧年版）

《立法者與詮釋者》

《迪士尼與社會》

《五種身體》

《國際企業與社會》

《網際網路與社會》

《社會人類學概論：他們的世界》

【教育類叢書】

＼已出版者：

《教育哲學》平裝 / NT：400
＼即將出版者：
      《特殊教育概論》
      《為兒童作正確的決定》
      《如何取得博士學位：給學生和指導教授的手冊》
      《生涯規劃：掙脫人生三大桎梏》

【資訊管理類叢書】

＼已出版者：
      《電腦網路與網際網路》平裝 / NT：290
＼即將出版者：
      《行動電子商務》
      《新興的資訊技術》

【餐旅休閒遊憩觀光叢書】

＼已出版者：
      《餐旅服務業與觀光行銷》精裝 / NT：690
＼即將出版者：
      《餐飲服務》
      《旅遊與觀光概論》
      《遊憩與休閒概論》

【經濟統計學叢書】

＼已出版者：
      《統計學》平裝 / NT：400
＼即將出版者：
      《策略的賽局》（賽局理論）
      《計量經濟學》
      《計量經濟學題解》
      《類別變項與有限依變項的迴歸模式》

生產力之衡量

原　　著 / Robert O. Brinkerhoff and Dennis E. Dressler

譯　　者 / 王昭正

校　　閱 / 黃雲龍

執行編輯 / 古淑娟

出 版 者 / 弘智文化事業有限公司

登 記 證 / 局版台業字第 6263 號

地　　址 / 台北市丹陽 39 號 1 樓

電　　話 / （02）23959178．23671757

傳　　真 / （02）23959913．23629917

發 行 人 / 邱一文

總 經 銷 / 旭昇圖書有限公司

地　　址 / 台北縣中和市中山路 2 段 352 號 2 樓

電　　話 / （02）22451480

傳　　真 / （02）22451479

製　　版 / 信利印製有限公司

版　　次 / 2001 年 6 月初版一刷

定　　價 / 200 元

ISBN　957-0453-30-3

國家圖書館出版品預行編目資料

生產力之衡量 ／ Robert O. Brinkerhoff,
Dennis E. Dressler 著 ； 王昭正譯. – 初版.
-- 臺北市 ： 弘智文化, 2001〔民 90〕
　　面； 　公分. -- （應用社會科學調查研
究方法系列叢書；11）
　參考書目：面
　含索引
　譯自：Productivity measurement : a guide for
managers and evaluators
　ISBN 957-0453-30-3（平裝）

　1. 人力資源 – 管理
494.3　　　　　　　　　　　　90007544